Diagramme

Einflußlinien und Momente

für Durchlaufträger und Rahmen

Von

Dr. techn. **Wilhelm Valentin**

Ingenieurkonsulent für Bauwesen
Wien

Mit 55 Textabbildungen und 64 Tafeln

Wien
Springer-Verlag
1950

ISBN-13:978-3-211-80176-5 e-ISBN-13:978-3-7091-7765-5
DOI: 10.1007/978-3-7091-7765-5

Reprint of the original edition 1950

Vorwort

Das vorliegende Buch will mit seinen Diagrammen in erster Linie ein Behelf für den konstruktiv tätigen Ingenieur sein und beitragen, Rechenarbeit und damit auch Fehlerquellen zu vermindern. Um nun auch die Tafeln möglichst rasch anwenden zu können, sind alle hiezu notwendigen Erläuterungen im Abschnitt IV kurz zusammengefaßt, der also unabhängig von den vorhergehenden Abschnitten I—III gehalten ist. Die Tafeln selbst sind in Form von Diagrammen und nicht in Form von Tabellen wiedergegeben, weil jene den Vorteil der Übersichtlichkeit und der leichteren Zwischenschaltung bieten. Der Maßstab wurde so gewählt, daß die Werte mit genügender Genauigkeit entnommen werden können.

Die Abschnitte I—III sind für Anfänger gedacht und enthalten in einfacher ausführlicher Weise theoretische Grundlagen. Es war dabei mein Bestreben, immer wieder die Beziehungen zwischen den Formänderungen und den inneren Kräften anschaulich darzustellen, um so das Gefühl für das Kräftespiel zu fördern.

Für die Unterstützung bei dieser Arbeit bin ich Herrn Zivilingenieur Karl Kugi zu wärmstem Dank verpflichtet, desgleichen Herrn Dipl.-Ing. J. Schütz für das Lesen der Korrekturen und Herrn Dr. W. Köhler für das gewissenhafte Zeichnen der Diagramme.

Besonderen Dank schulde ich dem Verlag, daß er mir bereits anfangs 1946, zu einer Zeit großer wirtschaftlicher Unsicherheit, die Zusage der Drucklegung gegeben hat, für die Berücksichtigung meiner Wünsche während derselben und für die bei den Büchern des Springer-Verlages gewohnte schöne Ausstattung.

Wien, im Juli 1950

Der Verfasser

Inhaltsverzeichnis

I. Tragwerke mit unverschieblichen Knoten, welche als Belastung nur ein äußeres Moment in einem Knoten aufweisen

A. Vorzeichenbestimmung

1. Festlegung der Vorzeichen von inneren Momenten

Um einem inneren Moment überhaupt ein Vorzeichen geben zu können, muß man eine Vereinbarung treffen. Wie allgemein üblich, heben wir zu diesem Zwecke eine Seite der Tragwerkteile durch eine beigesetzte gestrichelte Linie

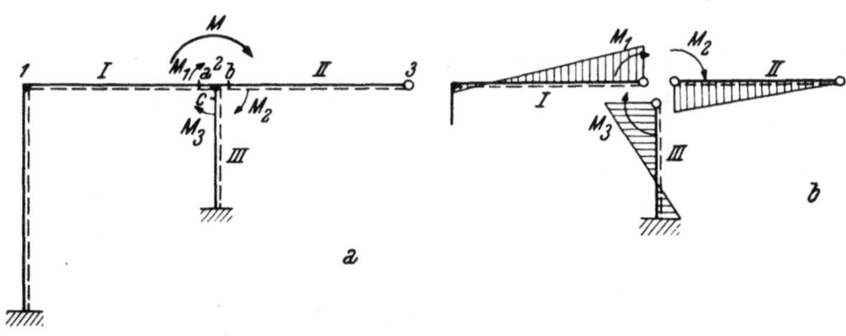

Abb. 1 a—b

hervor (Abb. 1), und bezeichnen ein inneres Moment dann als positiv, wenn dadurch an der gestrichelten Seite Zugspannungen hervorgerufen werden. Entstehen dort aber Druckspannungen, dann heißt ein inneres Moment negativ.

2. Freiaufliegender Träger mit Endmoment

Am Ende eines freiaufliegenden Trägers (Abb. 2) greife ein äußeres Moment an. Es ist festzustellen, auf welcher Trägerseite Zugspannungen und auf welcher Seite Druckspannungen auftreten.

Aus dem Richtungssinn des angreifenden Momentes erhält man in Abb. 2a einen nach aufwärts gerichteten Auflagerdruck B und in Abb. 2b einen nach abwärts gerichteten Auflagerdruck B und dementsprechend entstehen in Abb. 2a Zugspannungen auf der unteren Seite des Balkens, in Abb. 2b hingegen auf der oberen Seite. Wir wollen nun versuchen, unmittelbar aus dem Richtungssinn des äußeren Momentes jene Trägerseite festzustellen, an der Zug auftritt. Dies gelingt, wenn man in folgender Weise vorgeht: Man beschreibt um den Angriffspunkt des Momentes (Punkt A in Abb. 2) einen Kreis im Sinne des angreifenden Momentes, wobei man den Kreis von jenem Punkt aus zu zeichnen beginnt, in welchem man das Vorzeichen bestimmen will (hier Punkt a). Es

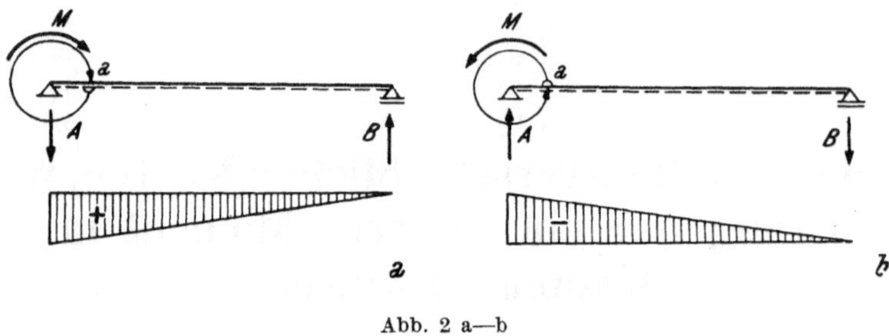

Abb. 2 a—b

entstehen dann, wie man aus der Abb. erkennt, Zugspannungen auf jener Trägerseite, von welcher aus man den Kreis zu zeichnen begonnen hat, Druckspannungen auf jener Seite, zu der man bei der geschilderten Umfahrung gelangt, bzw. wohin der Pfeil Abb. 2 zeigt. Ist auf diese Art festgestellt worden, wo Zugspannungen auftreten, dann folgen aus der in *A 1* getroffenen Vereinbarung unmittelbar die Vorzeichen der Momente selbst.

3. Rahmen mit angreifendem Moment

Wir wollen versuchen, die gefundene Art der Vorzeichenbestimmung allgemein anzuwenden, wenn ein äußeres Moment am Knoten eines Tragwerks angreift, in dem mehrere Stäbe in einem Punkt zusammenstoßen (Abb. 1a). Es ist dabei vor allem zu beachten, daß es sich stets nur um das Vorzeichen eines inneren Momentes in einem solchen Punkt handeln kann, der sich in nächster Nähe des Momentangriffspunktes befindet (z. B. Punkte a, b, c der Abb. 1a). Greift nun in Abb. 1 das Moment M im Knoten 2 an, wo drei Stäbe zusammenstoßen, dann wird sich M in irgendwelchen Verhältnissen auf die Stäbe *I—III* aufteilen und es werden auf die einzelnen Stäbe bestimmte Teilmomente M_1 bis M_3 entfallen. Das Wesentlichste ist, daß diese Teilmomente auf alle Fälle die gleiche Richtung haben müssen wie das angreifende Moment. Man hat demnach drei Balken *I—III* (Abb. 1b), von denen jeder für sich am Ende mit einem Moment belastet ist, dessen Richtungssinn gleich ist jenem des Angriffsmomentes. Die Vorzeichen der Momente in a, b und c können daher wie beim einfachen Träger nach Absatz 2 bestimmt werden.

Beispiel 1

Im Punkt 2 eines Durchlaufträgers greift ein Moment M an (Abb. 3). Die Vorzeichen der Momente in den Punkten $2a$ und $2b$ sind zu bestimmen. Abb. 3b und 3c sind nach der Regel des Absatzes 2 gezeichnet. Demnach treten im Punkt $2a$ auf der gestrichelten Seite Zugspannungen auf, es ist also hier das innere Moment als ein positives zu bezeichnen, während im Punkt $2b$ (Abb. 3c) das Moment negativ ist, weil hier Zugspannungen auf der oberen Seite auftreten.

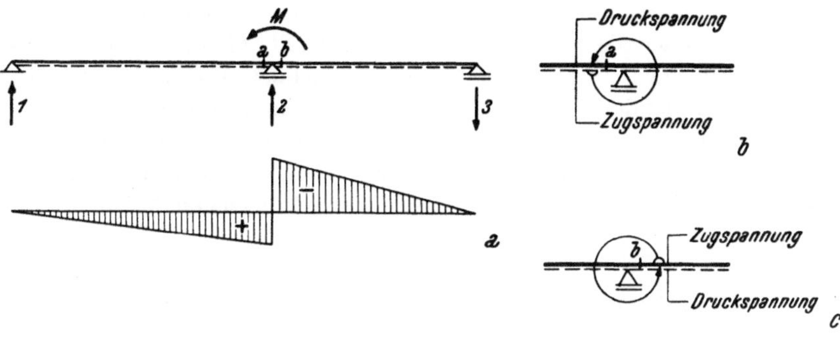

Abb. 3 a—c

Beispiel 2

Abb. 4 zeigt einen herausgeschnittenen Rahmenknoten, an dem ein äußeres Moment angreift. Die Vorzeichen der entstehenden Momente können aus Abb. 4b bis 4e entnommen werden.

Nachdem wir auf vorstehende Art ganz im einzelnen die Vorzeichen bestimmt haben, sehen wir, daß man diese bei einiger Übung sofort angeben kann, sobald man sich um den Angriffspunkt des Momentes einen Kreis gezeichnet denkt, wie er in Abb. 4a angedeutet ist.

4. Überprüfung der Vorzeichen

Um die Vorzeichen der entstehenden Momente überprüfen zu können, müssen wir vorerst eine neue Bezeichnung einführen. Stoßen in einem Knoten (Abb. 4a) mehrere Stäbe zusammen und umfährt man den Knoten auf einem Kreisbogen

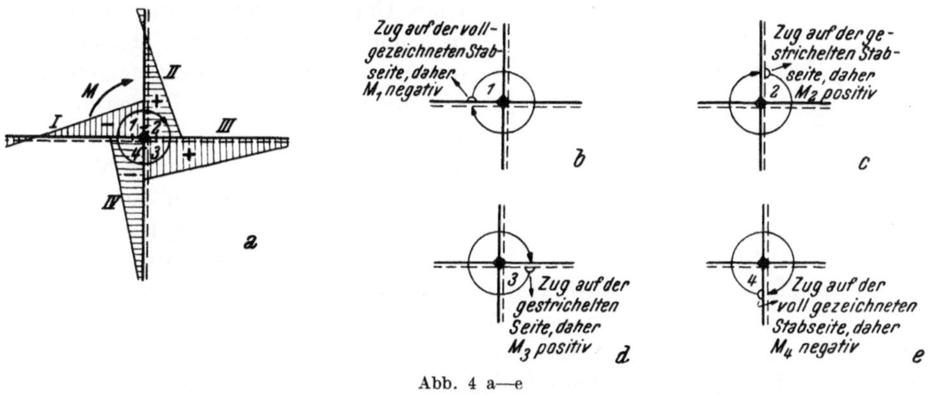

Abb. 4 a—e

von *1* über *2* und *3* nach *4* (die Umfahrung könnte auch im entgegengesetzten Sinne erfolgen) dann trifft man den Stab *I* zuerst auf der gestrichelten Seite, den Stab *IV* ebenfalls, hingegen die Stäbe *II* und *III* trifft man zuerst auf der nichtgestrichelten Seite. Es sollen nun zwei Stäbe „gleichsinnig bezeichnet" genannt werden, wenn man bei einer solchen Umfahrung beide Stäbe zuerst auf der gestrichelten oder beide Stäbe zuerst auf der nichtgestrichelten Seite trifft. Im entgegengesetzten Falle gelten zwei Stäbe als „ungleichsinnig bezeichnet". In Abb. 4 sind daher die Stäbe *I* und *II*, *I* und *III*, *II* und *IV* ungleichsinnig, die Stäbe *II* und *III*, *I* und *IV* gleichsinnig bezeichnet. Mit dieser Bezeichnungsweise ergibt sich aus der Feststellung in Absatz 2 unmittelbar Folgendes: Greift in einem Knoten ein äußeres Moment an, dann entstehen in gleichsinnig bezeichneten Stäben Momente mit gleichem Vorzeichen, während in ungleichsinnig bezeichneten Stäben die Momente verschiedene Vorzeichen haben müssen.

Beispiel 3

In Abb. 4 sind die Momente zu überprüfen. Hier sind die Stäbe *I* und *II* ungleichsinnig bezeichnet, daher müssen richtigerweise die Momente M_1 und M_2 verschiedene Vorzeichen haben. Da hingegen die Stäbe *II* und *III* gleichsinnig bezeichnet sind, müssen die Momente M_2 und M_3 die gleichen Vorzeichen haben, während in den Stäben *III* und *IV*, welche wieder ungleichsinnig bezeichnet sind, auch entgegenbezeichnete Momente auftreten müssen.

5. Vorzeichen in einem Knoten, an dem kein äußeres Moment angreift

Bis jetzt haben wir nur vom Vorzeichen solcher inneren Momente gesprochen, die in der unmittelbaren Nähe jener Knoten entstehen, in welchem ein äußeres Moment angreift. Diese inneren Momente pflanzen sich im Tragwerk fort und wir wollen nunmehr die Vorzeichen der inneren Momente in einem Knoten betrachten, an dem kein äußeres Moment angreift, sondern in welchem sich nur ein inneres Moment auf die anschließenden Stäbe fortpflanzt. Abb. 5a zeigt einen solchen herausgeschnittenen Rahmenknoten und es sei die Momentenverteilung von links her bekannt, wonach im Punkt *a* ein positives Moment auftrete. Um die Vorzeichen der Momente in *b* und *c* zu bestimmen, bauen wir in *a* ein Gelenk ein und lassen an Stelle des inneren Momentes M_a zwei gleichgroße aber entgegengesetzt drehende äußere Momente angreifen (Abb. 5b). Nun ist der Richtungssinn von M_a zu ermitteln. Da M_a positiv ist und die gestrichelte Seite des Stabes *I* unten liegt, muß M_a nach den Ausführungen im Abs. 2 bei a den in Abb. 5b angegebenen Richtungssinn haben. Aus der Abbildung sieht man weiters, daß M_a auf die Stäbe *II* und *III* wie ein äußeres Moment im eingezeichneten Sinn wirkt und es können somit wie früher die Vorzeichen der Momente in *b* und *c* bestimmt werden. Im vorliegenden Beispiel entsteht in *b* ein positives und in *c* ein negatives Moment. Aus diesem Einzelfall können wir aber sofort allgemein feststellen: Pflanzt sich ein inneres Moment in einem Knoten von einem Stab s_1 auf die Stäbe s_2 bis s_n fort, dann trägt das im Stab s_n entstehende Moment das

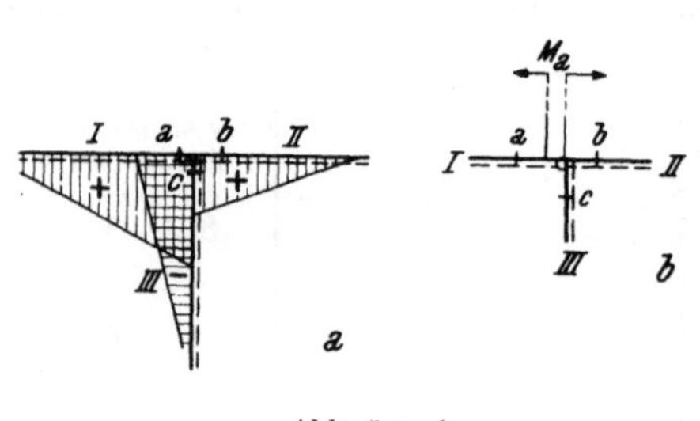

Abb. 5 a—b

gleiche Vorzeichen wie das Moment im Stab s_1, wenn die Stäbe s_n und s_1 ungleichsinnig bezeichnet sind oder das entgegengesetzte Vorzeichen, wenn diese Stäbe gleichsinnig bezeichnet sind.

Beispiel 4

In Abb. 6 sehen wir einen Rahmenknoten, bei dem sich das als bekannt vorausgesetzte innere negative Moment M_1 des Stabes *I* auf die Stäbe *II* bis *IV* überträgt. Die Vorzeichen der entstehenden Momente in den Stäben *II* bis *IV* sind gefragt.

Die Lösung ergibt sich aus Absatz 5, nämlich: die Stäbe *II* und *I* sind ungleichsinnig bezeichnet, daher hat M_2 das gleiche Vorzeichen wie M_1, ist also negativ. Da die Stäbe *III* und *I* ebenfalls ungleichsinnig bezeichnet sind, ist auch M_3 negativ. Hingegen sind die Stäbe *IV* und *I* gleichsinnig bezeichnet, weswegen M_4 das entgegengesetzte Vorzeichen von M_1 haben muß, also positiv ist.

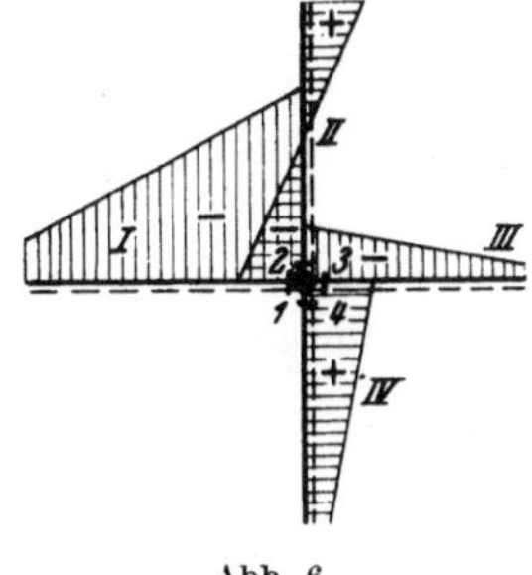

Abb. 6

B. Beziehungen zwischen den Verdrehungswinkeln und den angreifenden Momenten am freiaufliegenden Träger bei unveränderlichem Trägheitsmoment

1. Träger mit einem Endmoment

Die Verdrehungswinkel eines freiaufliegenden Trägers, der nach Abb. 7 mit einem Moment an seinem linken Ende belastet ist, bestimmen sich nach dem Mohr'schen Satz als Auflagerdrücke der mit $\frac{1}{EJ}$ vervielfachten Momentenfläche.

$$\tau_a = \frac{1}{EJ}\left(\frac{2}{3}\right)\left(\frac{1}{2} M_a l\right) = \frac{1}{3}\frac{M_a l}{EJ}$$
$$\tau_b = \frac{1}{2}\tau_a = \frac{1}{6}\frac{M_a l}{EJ} \tag{1}$$

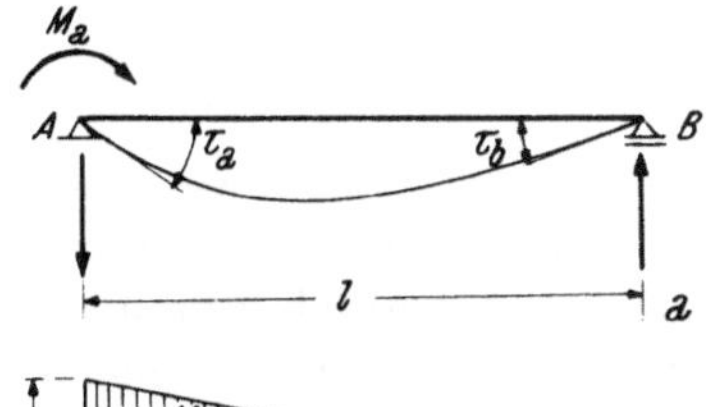

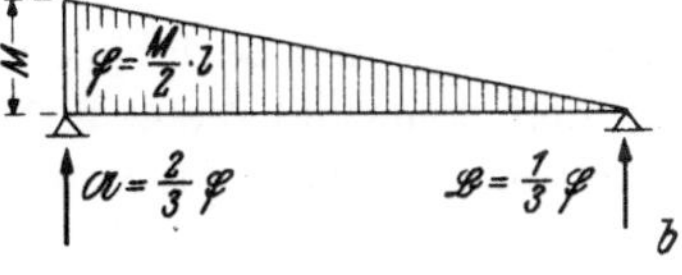

Abb. 7 a—b

Um diese Gleichungen in eine einfachere Form zu bringen, führen wir die beliebig gewählten Festwerte J_0 und l_0 ein, setzen

$$\frac{J\,l_0}{J_0\,l} = \lambda, \tag{2}$$

welcher Wert als Steifigkeitszahl bezeichnet wird, vervielfachen die Gl. (1) mit $3\,\frac{EJ_0}{l_0}$ und erhalten

$$\frac{3\,EJ_0}{l_0}\tau_a = M_a\frac{l\,J_0}{J\,l_0} = \frac{M_a}{\lambda},$$
$$\frac{3\,EJ_0}{l_0}\tau_b = M_a\frac{l\,J_0}{2\cdot J\,l_0} = \frac{M_a}{2\,\lambda}. \tag{3}$$

In Gl. (3) tritt auf der linken Seite ein vergrößerter Verdrehungswinkel

$$3\,\frac{E J_0}{l_0}\,\tau = T \tag{4}$$

auf. In der Folge wird fast ausschließlich mit diesem Werte gerechnet, weil der zahlenmäßige Wert des Winkels τ in den Berechnungen nur sehr selten aufscheint. Deswegen wollen wir in Zukunft der Einfachheit halber T unmittelbar als „Drehwinkel" ansprechen, während wir zum Unterschied davon τ als „Verdrehungswinkel" bezeichnen. Es ist also

$$\begin{aligned} T_a &= \frac{M_a}{\lambda}, \\ T_b &= \frac{M_a}{2\,\lambda}. \end{aligned} \tag{5}$$

Die zahlenmäßige Größe des Verdrehungswinkels τ erhält man dann aus Gl. (4) mit

$$\tau = \frac{l_0}{3\,E J_0}\,T. \tag{6}$$

Bis jetzt wurde das Moment als gegeben vorausgesetzt. Sehr häufig ist aber auch die Größe eines Drehwinkels bekannt und die Größe des angreifenden Momentes wird gesucht. Für diesen Fall erhält man unmittelbar aus Gl. (5) (s. Abb. 7)

$$\begin{aligned} M_a &= T_a\,\lambda \\ &\text{und} \\ M_a &= 2\,T_b\,\lambda. \end{aligned} \tag{7}$$

Wird also zum Beispiel verlangt, daß der Drehwinkel $T_a = 1$ wird, dann muß nach Gl. (7) in A ein Moment wirken von der Größe

$$M_a = \lambda. \tag{8}$$

Soll aber in B ein Drehwinkel von der Größe 1 entstehen, bedingt durch ein Moment in A, dann ist nach Gl. (7 b) ein doppelt so großes Moment erforderlich wie nach Gl. (7 a), nämlich

$$M_a = 2\,\lambda. \tag{9}$$

Aus Gl. (8) können wir eine neue Auffassung der Steifigkeitszahl entnehmen. Diese Zahl wurde zuerst rein formal eingeführt (Gl. [2]). Jetzt zeigt es sich aber, daß sie eine ganz bestimmte Bedeutung hat. Sie stellt nämlich, wie Gl. (8) lehrt, jenes Moment dar, das man am Ende eines freiaufliegenden Balkens anbringen muß, um dort den Drehwinkel 1 zu erhalten. Es ist wichtig, sich diese Bedeutung der Steifigkeitszahl λ einzuprägen, denn dann kann man Gl. (7) unmittelbar anschreiben, woraus weiters sofort auch die Gl. (5) folgen.

2. Träger mit zwei Endmomenten

An einem freiaufliegenden Träger greife ein gegebenes Moment M_a in A an und wirke entgegengesetzt dem Uhrzeigersinn (Abb. 8). Der Balken soll nun in A einen Drehwinkel von der Größe T_a und zwar im Uhrzeigersinn aufweisen. Am anderen Ende B des Trägers greife das unbekannte Moment M_b an. Die Größe und Richtung dieses Momentes ist nun zu bestimmen.

Da der verlangte Drehwinkel T_a der Richtung nach nur durch das Moment M_b hervorgerufen werden kann, muß M_b in diesem Falle unbedingt im entgegengesetzten Sinn des Uhrzeigers wirken. Man erhält aus Gl. (5)

$$T_a = \frac{M_b}{2\lambda} - \frac{M_a}{\lambda},$$

woraus sich ergibt

$$M_b = 2(M_a + T_a \lambda). \quad (10)$$

Gl. (10) stellt eine Beziehung dar, die häufig angewendet wird. Sie soll deswegen noch einmal auf Grund folgender Überlegung abgeleitet werden. Würde in A gar kein Moment wirken und sollte dort der Winkel T_a in der gewünschten Richtung entstehen, dann müßte in B ein Moment M_b' im entgegengesetzten Sinn des Uhrzeigers angreifen (vgl. Abb. 8b), in einer Größe, die sich aus Gl. (7) ergibt mit

$$M_b' = 2\,T_a \lambda.$$

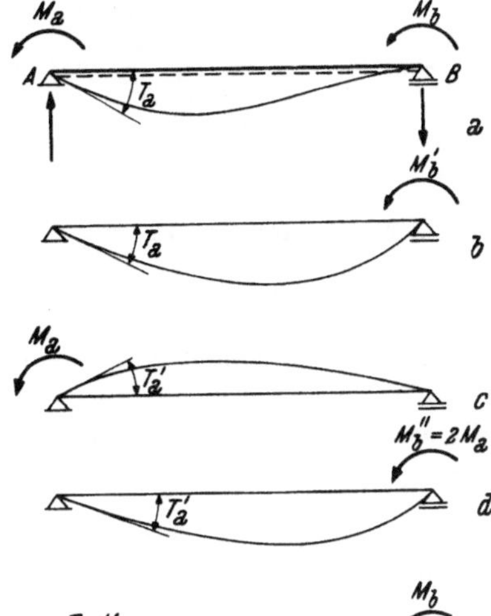

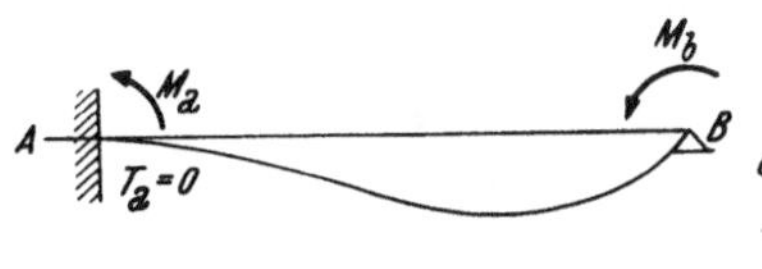

Abb. 8 a—e

Jetzt wirkt aber tatsächlich ein Moment M_a in A und erzeugt für sich den Drehwinkel T_a', der die entgegengesetzte Richtung hat wie der verlangte Drehwinkel T_a (Abb. 8c). T_a' muß daher durch ein zusätzliches Moment M_b'' in B rückgängig gemacht werden, und zwar muß nach Gl. (5) M_b'' doppelt so groß sein wie M_a, also: (Abb. 8d)

$$M_b'' = 2\,M_a.$$

Das Gesamtmoment M_b erhält man durch Zusammenlegen der Abb. 8 b und 8 d mit

$$M_b = M_b' + M_b'' = 2(M_a + \lambda T_a). \quad (10)$$

Im Sonderfall, wenn $T_a = O$ sein soll, geht Gl. (10) über in

$$M_b = 2\,M_a \quad (11)$$

oder

$$M_a = \frac{1}{2} M_b.$$

Dadurch haben wir, wie aus Abb. 8e ersichtlich, den Fall eines bei A einseitig eingespannten Trägers erhalten, der an seinem freien Ende mit einem Moment M_b belastet ist.

Es sei hier besonders darauf hingewiesen, daß sich die Momente aus Gl. (10, 11) und den noch folgenden immer positiv ergeben, da sie von vornherein bereits mit dem richtigen Drehsinn in die Rechnung eingeführt wurden.

Beispiel 5

Welches Moment M_b muß man am freien Ende eines einseitig eingespannten Trägers anbringen, damit dort der Drehwinkel T_b entsteht? (Abb. 9).

Nach Gl. (11) ist das Einspannmoment $M_a = \frac{M_b}{2}$. Damit folgt nach Gl. (5) die Größe des Drehwinkels in B mit

$$T_b = \frac{M_b}{\lambda} - \frac{M_b}{2 \cdot 2\,\lambda} = \frac{3}{4}\,\frac{M_b}{\lambda},$$

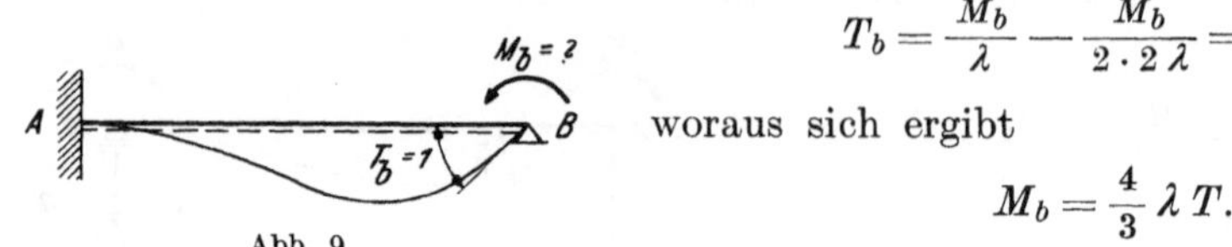

Abb. 9

woraus sich ergibt

$$M_b = \frac{4}{3}\,\lambda\,T. \tag{12}$$

Für den Fall, daß $T_b = 1$ sein soll, muß in B ein Moment nach Gl. (12) angreifen, in der Größe

$$M_b = \frac{4}{3}\,\lambda. \tag{13}$$

Während also beim freiaufliegenden Träger am Ende ein Moment $M = \lambda$ (lt. Gl. [8]) wirken muß, um dort den Winkel $T = 1$ zu erzeugen, ist beim einseitig eingespannten Träger dazu ein größeres Moment erforderlich, nämlich ein solches von der Größe $M = \frac{4}{3}\,\lambda$.

Abschließend sei eine Bemerkung über die zeichnerische Darstellung von äußeren Momenten eingeschaltet. Im allgemeinen wird ein Moment durch einen Kreisbogen mit einer Pfeilspitze, die den Momentensinn angibt, dargestellt. Im weiteren Verlaufe soll auch eine andere Darstellung mitbenützt werden, nach welcher man an jener Stelle, wo das Moment wirkt, sich einen Hebelarm angebracht denkt, an dessen Ende eine dazu senkrechte Kraft wirkt (Abb. 10). Damit diese Kraft verschwindend klein wird, müßte der Hebelarm unendlich groß sein, was dadurch angedeutet werden soll, daß der obere Teil des Hebelarmes gestrichelt gezeichnet wird.

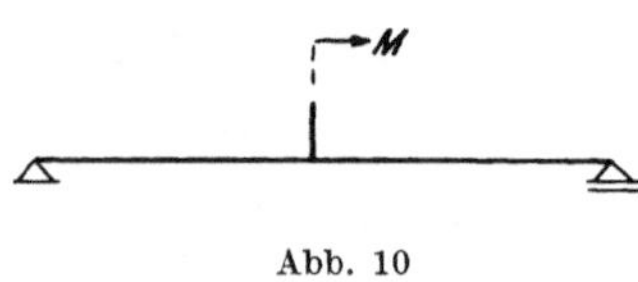

Abb. 10

C. Ermittlung der Größe der entstehenden Momente aus der Verformung

1. Durchlaufträger über vier Felder mit einem Moment über einer Stütze

Es soll die Momentenverteilung im Durchlaufträger der Abb. 11 ermittelt werden.

Einen Aufschluß über die inneren Kräfte in einem Tragwerk können wir immer nur durch dessen Verformung erhalten. Aus diesem Grunde müssen wir uns auch hier vorerst über die Form der Biegelinie im klaren sein. Diese kann im wesentlichen nur so aussehen, wie in Abb. 11a eingezeichnet. Nun zerlegen wir den Durchlaufträger in einzelne Teile nach Abb. 11b. Jeder der so entstehenden Teile ist ein freiaufliegender Träger, der mit bestimmten Momenten an den Enden belastet ist, wodurch die Drehwinkel T_{2a} — T_{4b} entstehen. Untereinander sind diese Träger durch die Bedingung verknüpft, daß sie aneinandergereiht stetige Übergänge aufweisen müssen. Diese Eigenschaft wollen wir zur Lösung der Aufgabe benützen, weil wir die zwischen den Drehwinkeln und den Momenten herrschenden Beziehungen aus dem vorhergehenden Abriß kennen.

Es gehört nun zu einem angreifenden Moment von der gegebenen Größe M eine Biegelinie mit Drehwinkeln von bestimmter Größe. Ändert sich nun die Größe des angreifenden Momentes, dann geht die Biegelinie in eine ähnliche über, d. h. alle Drehwinkel ändern sich verhältnisgleich. Nehmen wir daher umgekehrt die Größe eines einzigen Drehwinkels (z. B. T_2 in Abb. 11) der Biegelinie als bekannt an, so muß sich daraus die Größe des dazugehörigen äußeren Momentes M errechnen lassen.

Auf Grund dieser Überlegungen wollen wir jetzt die Berechnung durchführen. Wir setzen also den Durchlaufträger vom linken Ende beginnend aus

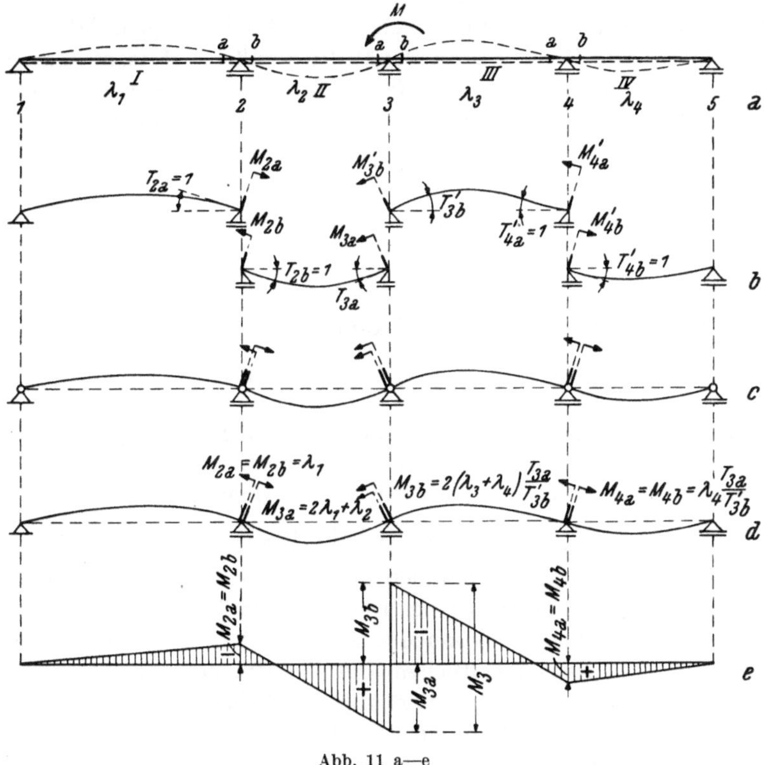

Abb. 11 a—e

den einzelnen Teilen (s. Abb. 11b) zusammen. Weil im ersten Feld die Größe von T_{2a}, welche dem Moment M entsprechen würde, noch nicht bekannt ist, wählen wir geeigneterweise vorläufig $T_{2a} = 1$. Daraus ergibt sich schon, da im ersten Feld nur M_{2a} als Belastung des Trägers auftritt, aus Gl. (8), daß

$$M_{2a} = \lambda_1$$

sein muß.

Im zweiten Feld tritt in $2b$ wegen des erforderlichen stetigen Überganges der Biegelinie ebenfalls der Drehwinkel $T_{2b} = T_{2a} = 1$ auf. Aus Gleichgewichtsgründen muß außerdem dort das Moment

$$M_{2b} = M_{2a} = \lambda_1$$

wirken. In Punkt $2b$ weisen sonach das Moment und der Drehwinkel entgegengesetzten Richtungssinn auf und es muß deswegen, wie aus Abb. 11 b ersichtlich ist, im Punkt $3a$ ein Moment im eingezeichneten Sinn angreifen, damit der Drehwinkel T_{2b} in der gewünschten Richtung entstehen kann. Es liegt also im zweiten Feld der Fall von *B. 2.* vor und dementsprechend bestimmt sich das Moment M_{3a} nach Gl. (10) mit

$$M_{3a} = 2\,(M_{2b} + T_{2b}\,\lambda_2) = 2\,(\lambda_1 + \lambda_2).$$

Jetzt kann auch der Drehwinkel T_{3a} berechnet werden (Gl. [5]):

$$T_{3a} = \frac{M_{3a}}{\lambda_2} - \frac{M_{2a}}{2\,\lambda_2} = \frac{1}{2\,\lambda_2}\,[4\,(\lambda_1 + \lambda_2) - \lambda_1] = \frac{1}{2\,\lambda_2}\,(4\,\lambda_2 + 3\,\lambda_1).$$

Im Punkt 3 können wir aber nicht mehr wie im Punkt 2 sagen, daß $M_{3a} = M_{3b}$ sein muß, weil hier im Gegensatz zu Punkt 2 ein äußeres Moment angreift. Deswegen bricht man hier die Rechnung ab und beginnt sie neu vom rechten Ende des Durchlaufträgers. Man wählt wieder $T'_{4b} = 1$, woraus folgt, daß

$$M'_{4b} = \lambda_4$$

sein muß.

Im dritten Feld bestimmt sich, da $M'_{4a} = M'_{4b} = \lambda_4$ und $T'_{4a} = T'_{4b} = 1$ ist, nach Gl. (10)

$$M_{3b}' = 2\,(\lambda_4 + \lambda_3).$$

Endlich erhält man den Drehwinkel T'_{3b} mit:

$$T_{3b}' = \frac{M_{3b}'}{\lambda_3} - \frac{M_{4a}'}{2\,\lambda_3} = \frac{1}{2\,\lambda_3}\,[4\,(\lambda_4 + \lambda_3) - \lambda_4] = \frac{1}{2\,\lambda_3}\,(4\,\lambda_3 + 3\,\lambda_4).$$

Im allgemeinen wird nach dieser Rechnung T_{3b}' ungleich T_{3a} sein. Dies kann aber in Wirklichkeit nicht eintreten, weil sonst die Biegelinie unstetig wäre. Um nun zu erreichen, daß $T'_{3b} = T_{3a}$ wird, hat man sämtliche Werte der Felder 3 und 4 im Verhältnis $\frac{T_{3a}}{T'_{3b}}$ abzuändern. Sobald dies geschehen ist, kann man die Biegelinien der Felder 1 und 2 mit den abgeänderten Biegelinien der Felder 3 und 4 nach Abb. 11 c zusammensetzen. Die einzelnen Träger gehen jetzt überall stetig ineinander über und wir können uns daher diese miteinander verbunden denken und erhalten den einheitlichen Durchlaufträger nach Abb. 11 d. Beim starren Aneinanderfügen der Träger von Abb. 11 b heben sich die entgegengesetzt gerichteten Momente in den Punkten 2 und 4 als innere Momente auf und es bleibt nur über der Stütze 3 ein äußeres Moment bestehen in der Größe.

$$M_3 = M_{3a} + M_{3b}.$$

Wie wir also aus Abb. 11 d sehen, haben wir auf diese Weise bereits die Momentverteilung erhalten, wenn über der Stütze 3 ein Moment M_3 angreift. In Abb. 11 e ist sie in der gewohnten Weise dargestellt. Für den Angriff eines Momentes in der Größe M über der Stütze 3 sind die gefundenen Werte der Abb. 11 e bloß im Verhältnis $\frac{M}{M_3}$ abzuändern. Zurückblickend können wir feststellen, daß zur Berechnung nur Gl. (5), (7) und (10) wiederholt anzuwenden sind.

Beispiel 6

zeigt die zahlenmäßige Durchrechnung eines Durchlaufträgers mit gleichbleibendem Trägheitsmoment nach Abb. 12.

Es sei $l_1 = 3.00$ m, $l_2 = 4.00$ m, $l_3 = 5.00$ m, $l_4 = 3.00$ m. Zuerst werden die einzelnen λ-Werte ermittelt und in jedes Feld eingetragen. Mit $J_0 = J$ und $l_0 = 3.00$ m erhält man

$$\lambda_1 = 1;\quad \lambda_2 = \frac{3,00}{4,00} = 0,75;\quad \lambda_3 = \frac{3,00}{5,00} = 0,60;\quad \lambda_4 = 1.$$

Jetzt erfolgt die wiederholte Anwendung der Gl. (5), (7) und (10). Man wählt den Drehwinkel $T_{2a} = 1$, woraus

$$M_{2a} = \lambda_1 = 1,00$$

bestimmt ist. Im zweiten Feld ist bereits

$$T_{2b} = T_{2a} = 1,00 \text{ und } M_{2b} = M_{2a} = 1,00$$

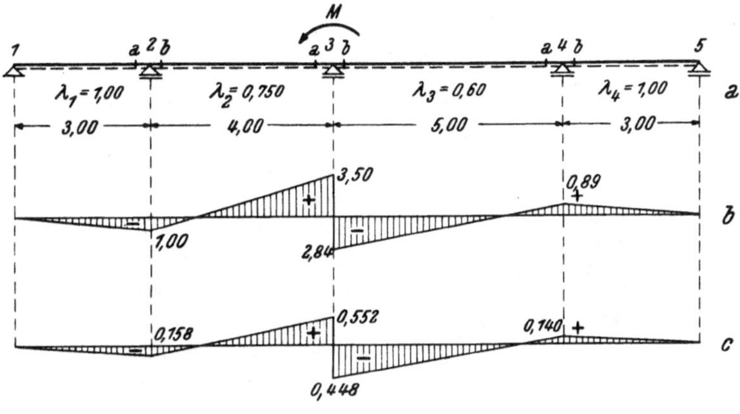

Abb. 12 a—c

bekannt. Aus diesen Werten folgt

$$M_{3a} = 2\,(M_{2a} + \lambda_2) = 2\,(1,00 + 0,75) = 3,50.$$

Nun kann der Drehwinkel T_{3a} berechnet werden mit

$$T_{3a} = \frac{M_{3a}}{\lambda_2} - \frac{M_{2b}}{2\,\lambda_2} = \frac{3,50}{0,75} - \frac{1,00}{2 \cdot 0,75} = 4,00.$$

Jetzt werden die gleichen Rechnungen vom rechten Ende des Durchlaufträgers beginnend durchgeführt und man erhält der Reihe nach:

$$T'_{4b} = 1,00 \qquad M'_{4b} = M'_{4a} = \lambda_4 = 1,00$$

$$M'_{3b} = 2\,(M'_{4a} + T'_{4a}\,\lambda_3) = 2\,(1,00 + 1,00 \cdot 0,60) = 3,20$$

$$T'_{3b} = \frac{M'_{3b}}{\lambda_3} - \frac{M'_{4a}}{2\,\lambda_3} = \frac{3,20}{0,60} - \frac{1,00}{2 \cdot 0,60} = 4,50.$$

Es ist also T_{3a} ungleich T'_{3b}, weswegen es nicht möglich wäre, die Biegelinien der Felder 1 und 2 mit jenen der Felder 3 und 4 zu einer einheitlichen Biegelinie zusammenzusetzen. Um die Gleichheit von T'_{3b} und $T_{3a} = 4.00$ zu erreichen, müssen wir alle Werte der Felder 3 und 4 im Verhältnis $\frac{T_{3a}}{T'_{3b}} = \frac{4,00}{4,50} = 0,889$ verkleinern. Damit erhält man

$$M_{3b} = 0,889 \cdot 3,20 = 2,84;\quad M_{4b} = M_{4a} = 0,889.$$

Als äußeres Moment ergibt sich weiters nach Abb. 11c M_3 in der Größe von

$$M_3 = M_{3a} + M_{3b} = 3{,}50 + 2{,}84 = 6{,}34.$$

Die Momentenverteilung ist in Abb. 12b dargestellt. Den Momentenverlauf infolge des äußeren Momentes $M_3 = 1$, erhält man durch Verkleinerung aller Werte im Verhältnis $\frac{1}{6{,}34}$, was in Abb. 12c durchgeführt worden ist.

2. Momentenverteilung in einem Rahmen, an dem ein Moment in einem Knoten angreift.

Bei einem Rahmen mit unverschieblichen Knoten kann das geschilderte Verfahren ebenfalls angewendet werden.

Beispiel 7

Für den Rahmen der Abb. 13 soll die Momentenverteilung bestimmt werden. Die einzelnen λ-Werte der Stäbe seien bekannt. Das Wichtigste ist wieder, daß man sich zuerst die Form der Biegelinie richtig vorstellt. Wie aber unschwer festzustellen ist, kann sie bei dem eingezeichneten Moment nur das Aussehen nach Abb. 13a haben. Während nun beim Durchlaufträger in einem Punkt immer nur zwei Äste der Biegelinie zusammenstoßen, treffen hier im Knoten 3 drei Äste zusammen, welche so geformt sein müssen, daß $T_{3a} = T_{3b} = T_{3c}$ ist. (Abb. 13b). Wählt man wieder $T'_{2a} = 1$, dann folgt unter Benutzung der Gl. (5), (7) und (10):

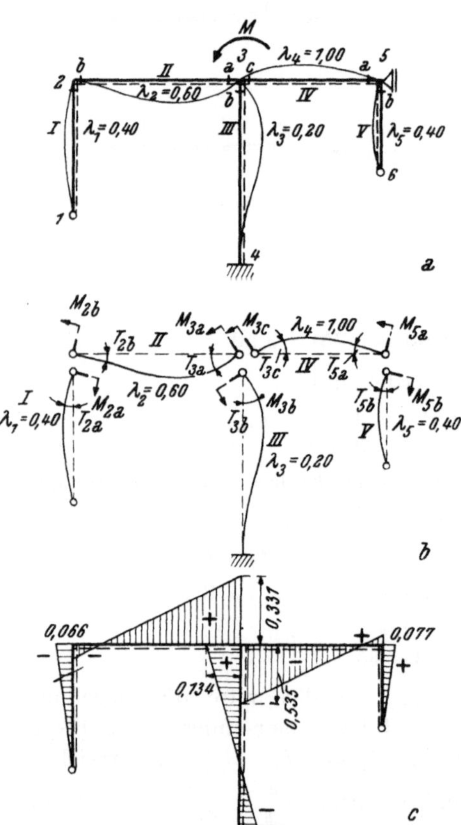

Abb. 13 a—c

$$M_{2a} = 0{,}40 \text{ (nach Gl. 7).}$$

Aus $M_{2b} = M_{2a} = 0{,}40$ und $T_{2b} = T_{2a} = 1$ folgt weiter (nach Gl. 10)

$$M_{3a} = 2\,(0{,}40 + 0{,}60) = 2{,}00 \text{ und}$$

$$T_{3a} = \frac{2{,}00}{0{,}60} - \frac{0{,}40}{2 \cdot 0{,}60} = 3{,}00.$$

Damit der Stab *III* an den Stab *II* gereiht werden kann, muß $T_{3b} = T_{3a} = 3.00$ sein. Aus dieser Bedingung folgt aber nach Gl. (13)

$$M_{3b} = \frac{4}{3} \cdot 3{,}00 \cdot 0{,}20 = 0{,}80.$$

Von rechts beginnend erhält man auf die gleiche Weise:

Aus $T_{5b}' = 1$ gewählt, folgt nach Gl. (7):

$$M_{5b}' = \lambda_5 = 0{,}40$$

und aus $M'_{5a} = M'_{5b} = 0{,}40$ und $T'_{5a} = T'_{5b} = 1{,}00$ nach Gl. (10):

$$M'_{3c} = 2\,(M'_{5a} + \lambda_4\, T'_{5a}) = 2\,(0{,}400 + 1{,}00 \cdot 1{,}00) = 2{,}80,$$

$$T'_{3c} = \frac{M'_{3c}}{\lambda_4} - \frac{M'_{5a}}{2\,\lambda_4} = \frac{2{,}80}{1{,}00} - \frac{0{,}400}{2 \cdot 1{,}00} = 2{,}60.$$

Es ist also T'_{3c} ungleich T_{3a}. Um hier die Gleichheit zu erreichen, hat man die Werte der Felder 4 und 5 im Verhältnis $\frac{3{,}00}{2{,}60}$ abzuändern, wodurch man erhält

$$M_{5a} = M_{5b} = 0{,}40\,\frac{3{,}00}{2{,}60} = 0{,}462;\; M_{3c} = 2{,}80\,\frac{3{,}00}{2{,}60} = 3{,}23.$$

Beim Aneinanderfügen der einzelnen Felder (Abb. 13b) bleibt jetzt im Knoten 3 ein äußeres Moment bestehen in der Größe

$$M_3 = M_{3a} + M_{3b} + M_{3c} = 2{,}00 + 0{,}80 + 3{,}23 = 6{,}03.$$

Das Fußmoment ist halb so groß wie das Kopfmoment.

Die Momentenverteilung infolge eines äußeren Momentes $M = 1$ im Knoten 3 ist durch entsprechende Verkleinerung zu finden und sie ist in Abb. 13b dargestellt. Endlich werden die Vorzeichen der Momente nach *I* bestimmt.

Wenngleich das geschilderte Verfahren für das Verständnis der Momentenverteilung infolge des Angriffes eines äußeren Momentes wesentlich ist, so ist es für die praktische Anwendung nicht zweckmäßig.

D. Bestimmung der Momentenverteilung mit Hilfe der Ersatzsteifigkeitszahlen und Fortpflanzungszahlen

1. Zweifeldbalken mit Endmoment

Wie groß muß das am Ende eines Zweifeldbalkens angreifende äußere Moment sein, damit dort der Drehwinkel $T = 1$ entsteht (Abb. 14).

Die Berechnung erfolgt nach *C*. Man erhält an Hand der Abb. 14 folgende Beziehungen:

Wenn wir $T_{2b} = 1$ wählen (Abb. 14 b), dann ergibt sich daraus nach Gl. (8)

$$M'_{2b} = \lambda_2.$$

Weiters folgt aus den Bedingungen

$T_{2a} = T_{2b}$ und $M'_{2a} = M'_{2b} = \lambda_2 = M_2'$ nach Gl. (10)

$$M' = 2\,(\lambda_2 + \lambda_1). \tag{14}$$

$$T_1' = \frac{M'}{\lambda_1} - \frac{M'_{2a}}{2\,\lambda_1} = \frac{1}{2\,\lambda_1}[4\,(\lambda_2 + \lambda_1) - \lambda_2] = \frac{4\,\lambda_1 + 3\,\lambda_2}{2\,\lambda_1}. \tag{15}$$

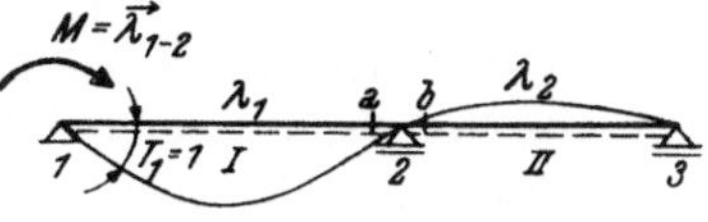

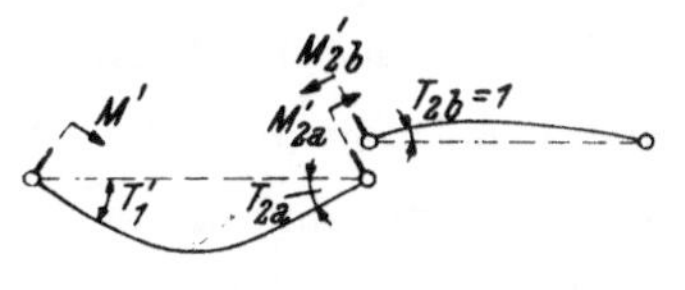

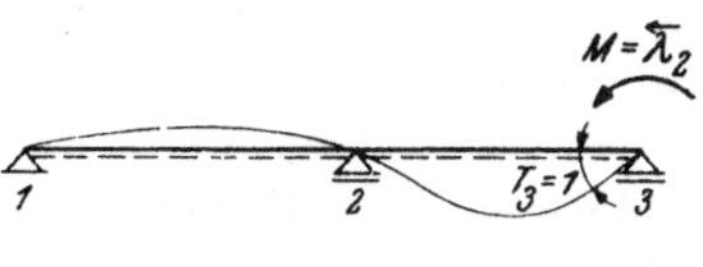

Abb. 14 a—c

Vervielfacht man diese Werte im Verhältnis $\frac{2\lambda_1}{4\lambda_1+3\lambda_2}$, dann erhält man mit

$$M_2 = M_2' \frac{2\lambda_1}{4\lambda_1+3\lambda_2} = \lambda_2 \frac{2\lambda_1}{4\lambda_1+3\lambda_2}; \qquad T_1 = T_1' \frac{2\lambda_1}{4\lambda_1+3\lambda_2} = 1,$$

$$M = \frac{2\lambda_1}{4\lambda_1+3\lambda_2} M' = \frac{4\lambda_1(\lambda_1+\lambda_2)}{4\lambda_1+3\lambda_2} = \frac{4+4\frac{\lambda_1}{\lambda_2}}{3+4\frac{\lambda_1}{\lambda_2}} \cdot \lambda_1 \tag{16}$$

bereits das gewünschte Ergebnis.

Betrachten wir dieses Ergebnis genauer. Setzen wir

$$m = \frac{\lambda_1}{\lambda_2}, \tag{17}$$

so folgt

$$M = \frac{4+4m}{3+4m} \lambda_1$$

und mit

$$\alpha = \frac{4+4m}{3+4m} \tag{18}$$

$$M = \alpha\lambda_1 = \overline{\lambda}_1. \tag{19}$$

Damit haben wir die gleiche Beziehung gefunden wie sie Gl. (8) liefert. Während also bei einem freiaufliegenden Träger mit der Steifigkeitszahl λ am Trägerende ein Moment von der Größe $M = \lambda$ erforderlich ist, um den Drehwinkel $T = 1$ hervorzurufen, ist am Ende eines Zweifeldbalkens dazu ein größeres Moment, nämlich ein Moment $M = \overline{\lambda}$ nötig. Entsprechend der Deutung der Steifigkeitszahl bezeichnen wir den Wert $\overline{\lambda} = \alpha\lambda$ als Ersatzsteifigkeitszahl und können feststellen: Soll am Ende eines Zweifeldbalkens durch ein dort wirkendes Moment der Drehwinkel $T = 1$ entstehen, so ist die Größe des hiezu erforderlichen Momentes gleich der Ersatzsteifigkeitszahl $\overline{\lambda}$. Um anzudeuten, daß das Moment auf den Zweifeldbalken in der Richtung 1—2 sich fortpflanzt, setzen wir einen Pfeil dazu $\left(\overrightarrow{\overline{\lambda}}\right)$. In derselben Art ist auch der Wert α zu bezeichnen.

$\overrightarrow{\alpha}$ ist nach Gl. (18) zu bestimmen und hängt nur vom Verhältnis $\overrightarrow{m} = \frac{\lambda_1}{\lambda_2}$ ab. Es ist also zu beachten: im Zähler steht die Steifigkeitszahl jenes Trägers, der sich unmittelbar beim angreifenden Moment befindet, im Nenner die Steifigkeitszahl des angeschlossenen Trägers.

Mit der eingeführten Bezeichnungsweise bedeutet also z. B.: $\overleftarrow{\overline{\lambda}}_2 = \overleftarrow{\alpha}_2 \lambda_2$ jenes Moment, das im Punkt C des Zweifeldbalkens angreifen muß (Abb. 14c), um dort den Drehwinkel $T_c = 1$ hervorzurufen. $\overleftarrow{\alpha}_2$ hängt hier ab von $\overleftarrow{m}_2 = \frac{\lambda_2}{\lambda_1}$.

Die α Werte sind in der Tafel 11 zusammengestellt. Welche Grenzwerte besitzt nun α? Der eine Grenzwert wird erreicht, wenn ein äußerst schwacher Träger 2 (Abb. 15a) an den Träger 1 anschließt, wenn also $m = \infty$ wird, womit dann aus Gl. (18) $\overrightarrow{\alpha} = 1$ wird. Dieser Fall stellt also einen freiaufliegenden Balken dar. Der zweite Grenzwert von α wird erreicht, wenn der anschließende Träger unendlich steif ist (Fall des einseitig eingespannten Balkens) (s. Abb. 15f), d. h. wenn $m = O$ wird. α ergibt sich hier mit 1,333. Wie man sieht, bewegt sich α in den sehr engen Grenzen von 1,00 bis 1,333. In Abb. 15 sind für einige Sonderfälle die Ersatzsteifigkeitszahlen angegeben. Die Werte zeigen deutlich den Einfluß der Steifigkeit des angeschlossenen Feldes auf die Ersatzsteifigkeitszahl des Trägers 1—2. Abb. 15 ermöglicht es, die Größe der Ersatzsteifigkeitszahl sofort richtig einzuschätzen, wodurch grobe Fehler vermieden werden. Besonders hervorgehoben sei für Vergleichszwecke der Fall, wenn zwei gleich steife Träger vorhanden sind (Abb. 15b) mit $\alpha = 1{,}14$.

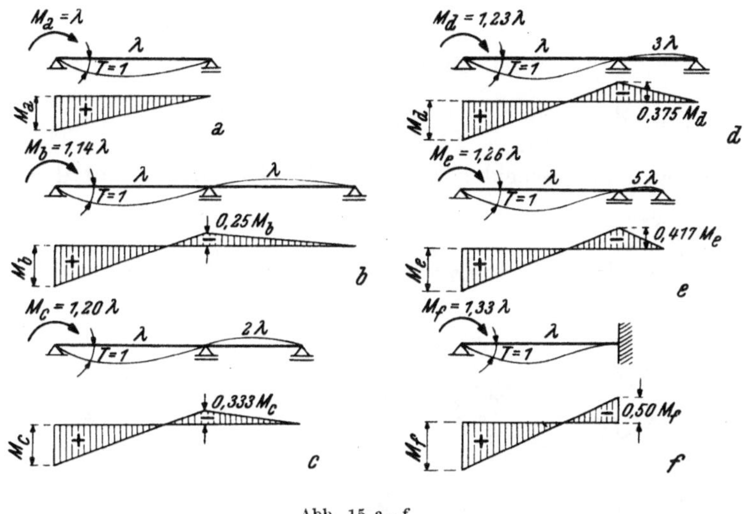

Abb. 15 a—f

In welchem Verhältnis pflanzt sich nun das Moment M der Abb. 14 auf die Stütze 2 fort? Die Antwort hierauf erhalten wir unmittelbar durch Gl. (16). Danach verhält sich

$$\frac{M_2}{M} = \frac{2\,\lambda_1\,\lambda_2}{4\,\lambda_1\,(\lambda_1 + \lambda_2)} = \frac{\lambda_2}{2\,(\lambda_1 + \lambda_2)} = \frac{1}{2\left(1 + \dfrac{\lambda_1}{\lambda_2}\right)} = \frac{1}{2\,(1 + m)}$$

oder

$$M_2 = \overrightarrow{\beta_1}\,M, \tag{20}$$

worin

$$\overrightarrow{\beta_1} = \frac{1}{2\,(1 + m)} \tag{21}$$

bedeutet.

β heißt die Fortpflanzungszahl und hängt ebenso wie α lediglich vom Wert m ab. Die Abhängigkeit ist in Tafel 11 angegeben. Wir wollen wieder die Grenzwerte untersuchen. Für $m = \infty$ erhält man $\beta = 0$ (Fall des freiaufliegenden Trägers, Abb. 15a); $m = 0$ ergibt $\beta = 0{,}5$ (einseitig eingespannter Träger) (Abb. 15 f). Der Wert 0,5 wurde bereits früher mit Gl. (11) festgestellt. Die Werte bewegen sich somit zwischen 0 und 0,5. In Abb. 15 sind neben den α-Werten auch die β-Werte ein getragen. Besonders beachten wollen wir wieder den Fall, daß die beiden Felder gleiche Steifigkeitszahlen besitzen, wofür sich $\beta = 0{,}25$ errechnet.

2. Dreifeldbalken mit Endmoment

Wie groß muß das am Ende eines Dreifeldbalkens angreifende äußere Moment M sein, damit der Drehwinkel $T = 1$ entsteht? (Abb. 16).

Wir schneiden den Träger im Punkt 2 auseinander und lassen die inneren Momente als äußere angreifen (Abb. 16b). Weiters nehmen wir wieder vorläufig an, daß $T_{2b} = 1$ sei. Daraus folgt aus Gl. (19), daß $M_{2b} = \overrightarrow{\lambda_2}$ sein muß. Aus den Bedingungen $T_{2a} = T_{2b}$ und $M_{2a} = M_{2b}$ erhalten wir nach Gl. (10) und (5)

$$M' = 2\,(\overrightarrow{\lambda_2} + \lambda_1). \tag{22}$$

$$T_1' = \frac{M'}{\lambda_1} - \frac{M_{2a}}{2\,\lambda_1} = \frac{1}{2\,\lambda_1}\left[4\,(\overrightarrow{\lambda_2} + \lambda_1) - \overrightarrow{\lambda_2}\right] = \frac{4\,\lambda_1 + 3\,\overrightarrow{\lambda_2}}{2\,\lambda_1}. \tag{23}$$

Diese Gleichungen unterscheiden sich von Gl. (14) und (15) nur dadurch, daß

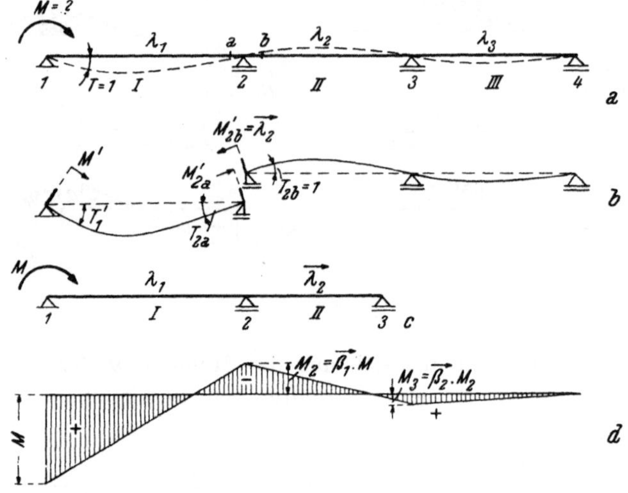

Abb. 16 a—d

an Stelle von λ_2 hier $\overrightarrow{\lambda_2}$ erscheint. In Worten ausgedrückt liefert uns demnach diese Gegenüberstellung folgende wichtige Tatsache:

Greift am Ende eines Dreifeldträgers ein äußeres Moment an (Abb. 16a), dann entstehen im Feld I genau die gleichen Verformungen und die gleichen inneren Momente wie im Feld I des mit demselben äußeren Moment belasteten Zweifeldträgers nach Abb. 16c.

Dadurch haben wir die Berechnung des Dreifeldbalkens nach Abb. 16a zurückgeführt auf jene des Zweifeldbalkens der Abb. 16c.

Es ergibt sich daher das zur Erzeugung des Drehwinkels $T_1 = 1$ in Abb. 16a notwendige Moment nach Gl. (19) mit

$$M = \overrightarrow{\alpha_1}\,\lambda_1 = \overrightarrow{\lambda_1}. \tag{24}$$

$\overrightarrow{\alpha_1}$ hängt hier vom Verhältnis $\overrightarrow{m_1} = \frac{\lambda_1}{\overrightarrow{\lambda_2}}$ ab. Desgleichen folgt

$$M_{2a} = \overrightarrow{\beta_1} \cdot M, \tag{25}$$

wobei $\overrightarrow{\beta_1}$ ebenfalls vom Verhältnis $\overrightarrow{m_1} = \frac{\lambda_1}{\overrightarrow{\lambda_2}}$ abhängt. Der Unterschied gegenüber dem Zweifeldbalken im Absatz 1 liegt also lediglich darin, daß wir anstelle der Steifigkeitszahl λ_2 des Nachbarfeldes nunmehr die Ersatzsteifigkeitszahl $\overrightarrow{\lambda_2}$ dieses Feldes bei der Ermittlung der Werte α und β zu verwenden haben.

3. Vierfeld (n-feld) Träger mit Endmoment

Wie groß muß das am Ende eines Vierfeld (n-feld) Trägers angreifende Moment sein, damit dort der Drehwinkel $T = 1$ entsteht? (Abb. 17.)

Im Absatz 2 wurde die entsprechende Aufgabe beim Dreifeldbalken in der Weise gelöst, daß wir seine Berechnung zurückführten auf jene eines Ersatz-

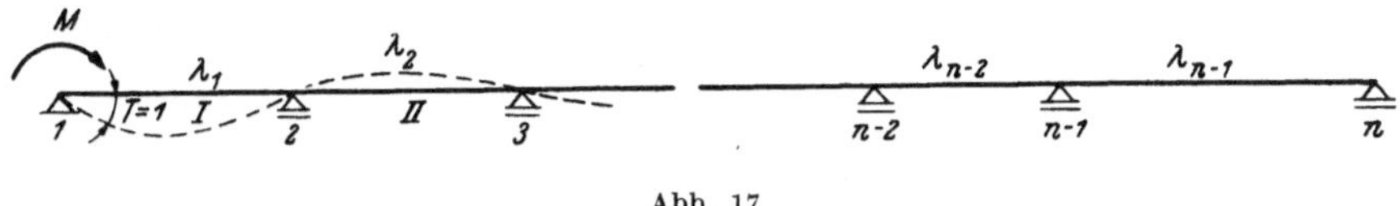

Abb. 17

Zweifeldbalkens. Es bietet wohl keine Schwierigkeit, in Erweiterung des dort entwickelten Gedankenganges unmittelbar die gefragte Größe des Momentes anzugeben mit

$$M = \overrightarrow{\lambda_1} = \overrightarrow{\alpha_1}\,\lambda_1, \tag{26}$$

wobei $\overrightarrow{\alpha_1}$ hier abhängt vom Verhältnis

$$\overrightarrow{m_1} = \frac{\lambda_1}{\overrightarrow{\lambda_2}}. \tag{27}$$

Die zahlenmäßige Durchrechnung zeigt das folgende

Beispiel 8

Für den in Abb. 18 dargestellten Fünffeldträger ist jenes Moment zu berechnen, das den Drehwinkel $T_1 = 1$ ergibt und die dabei entstehende Momentverteilung ist zu bestimmen.

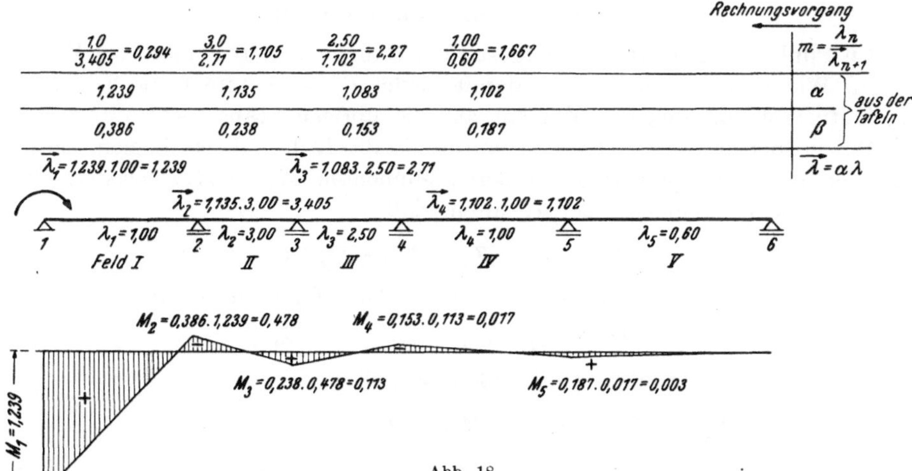

Abb. 18

Die einzelnen λ-Werte seien bereits bekannt und betragen

$$\lambda_1 = 1{,}00;\ \lambda_2 = 3{,}00;\ \lambda_3 = 2{,}50;\ \lambda_4 = 1{,}00;\ \lambda_5 = 0{,}60.$$

Jetzt müssen wir, vom rechten Trägerende beginnend, der Reihe nach die einzelnen m-Werte nach Gl. (27) errechnen, mit deren Hilfe wir dann aus Tafel 11 die entsprechenden α und β-Werte entnehmen können.

Feld	$\vec{m} = \frac{\lambda}{\bar{\lambda}_{\text{rechts}}}$	α	β	$\bar{\lambda} = \alpha\,\lambda$
IV — V	$\frac{\lambda_4}{\lambda_5} = \frac{1{,}00}{0{,}60} = 1{,}667$	1,102	0,187	$\vec{\lambda}_4 = 1{,}102 \cdot 1{,}00 = 1{,}102$
III — IV	$\frac{\lambda_3}{\vec{\lambda}_4} = \frac{2{,}50}{1{,}102} = 2{,}27$	1,083	0,153	$\vec{\lambda}_3 = 1{,}083 \cdot 2{,}50 = 2{,}71$
II — III	$\frac{\lambda_2}{\vec{\lambda}_3} = \frac{3{,}00}{2{,}71} = 1{,}105$	1,135	0,238	$\vec{\lambda}_2 = 1{,}135 \cdot 3{,}0 = 3{,}41$
I — II	$\frac{\lambda_1}{\vec{\lambda}_2} = \frac{1{,}00}{3{,}41} = 0.294$	1,239	0,386	$\vec{\lambda}_1 = 1{,}239 \cdot 1{,}00 = 1{,}239$

Es ist also $M = 1{,}239$.
Die weitere Momententeilung erhalten wir mittels der β-Werte:

$$M_2 = \vec{\beta}_1 \cdot M = 0{,}386 \cdot 1{,}239 = 0{,}478,$$

$$M_3 = \vec{\beta}_2 \cdot M_2 = 0{,}238 \cdot 0{,}477 = 0{,}113,$$

$$M_4 = \vec{\beta}_3 \cdot M_3 = 0{,}153 \cdot 0{,}113 = 0{,}017,$$

$$M_5 = \vec{\beta}_4 \cdot M_4 = 0{,}187 \cdot 0{,}017 = 0{,}003.$$

Die ganze Rechnung kann auch in sehr übersichtlicher Form nach Abb. 18 durchgeführt werden.

4. Rahmen mit Endmoment

Im Punkt 1 des in Abb. 19 dargestellten Rahmens greift ein äußeres Moment M an. Wie groß muß dieses sein, damit wieder $T_1 = 1$ entsteht und in welchem Verhältnis pflanzt sich das Moment auf die übrigen Stäbe fort?

Wir ordnen in 2 ein Gelenk an und die Stäbe *II* bis *IV* erscheinen dadurch mit den ihnen entsprechenden äußeren Momenten M_{2a} — M_{2d} belastet. Diese müssen sich untereinander so verhalten, daß

$$T_{2a} = T_{2b} = T_{2c} = T_{2d} = T_2 \text{ ist.}$$

Wenn vorläufig $T_2 = 1$ angenommen wird, dann folgt aus Gl. (8)

$$M'_{2b} = \lambda_2;\ M'_{2c} = \lambda_3;\ M'_{2d} = \lambda_4.$$

Aus Gleichgewichtsgründen muß außerdem gelten:

$$M'_{2a} = M'_{2b} + M'_{2c} + M'_{2d} = \lambda_2 + \lambda_3 + \lambda_4 = \sum_2^4 \lambda_n.$$

Dadurch haben wir für den Balken 1—2 folgendes erhalten (Abb. 19c): bei

1 greift das äußere Moment M' an, bei 2 das Moment M'_{2a} und es soll außerdem bei 2 der Winkel $T = 1$ entstehen. Damit errechnet sich M' nach Gl. (10) mit

$$M' = 2\,(M'_{2a} + 1{,}00\,\lambda_1) = 2\left(\sum_2^4 \lambda_n + \lambda_1\right).$$

Weiters folgt dann aus Gl. (5)

$$T_1 = \frac{M'}{\lambda_1} - \frac{M'_{2a}}{2\,\lambda_1} = \frac{4\left(\sum_2^4 \lambda_n + \lambda_1\right) - \sum_2^4 \lambda_n}{2\,\lambda_1} = \frac{4\,\lambda_1 + 3\sum_2^4 \lambda_n}{2\,\lambda_1}.$$

Soll $T = 1$ werden, dann sind alle gefundenen Werte im Verhältnis $\frac{1}{T_1}$ abzuändern. Dann ist

$$M = \frac{M'}{T_1} = \frac{2\,(\lambda_1 + \sum_2^4 \lambda_n) \cdot 2\,\lambda_1}{4\,\lambda_1 + 3\sum_2^4 \lambda_n} =$$

$$= \frac{4\,\lambda_1 + 4\sum_2^4 \lambda_n}{4\,\lambda_1 + 3\sum_2^4 \lambda_n}\,\lambda_1.$$

Mit

$$m = \frac{\lambda_1}{\sum_2^4 \lambda_n} \qquad (28)$$

wird

$$M = \frac{4 + 4\,m}{3 + 4\,m}\,\lambda_1.$$

Wenn weiters

$$\alpha = \frac{4 + 4\,m}{3 + 4\,m} \qquad (29)$$

gesetzt wird, erhält man mit

$$M = \alpha\,\lambda_1 = \overrightarrow{\lambda_1} \qquad (30)$$

das gesuchte Moment. Das hiebei in 2a auftretende Moment hat eine Größe

$$M_{2a} = \frac{\sum_2^4 \lambda_n}{T_1} =$$

$$= \frac{\sum_2^4 \lambda_n}{4\,\lambda_1 + 3\sum_2^4 \lambda_n} \cdot 2\,\lambda_1.$$

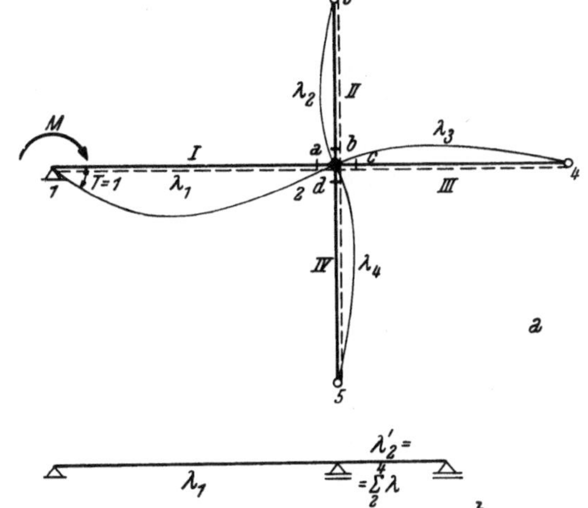

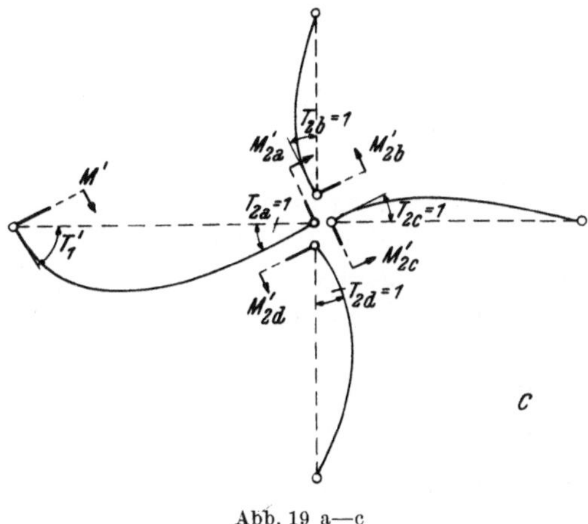

Abb. 19 a—c

Damit folgt das gewünschte Verhältnis mit:

$$\frac{M_{2a}}{M} = \frac{2\,\lambda_1 \sum_2^4 \lambda_n}{4\left(\lambda_1 + \sum_2^4 \lambda_n\right)\lambda_1} = \frac{\sum_2^4 \lambda_n}{2\left(\lambda_1 + \sum_2^4 \lambda_n\right)} = \frac{1}{2\left(1 + \frac{\lambda_1}{\sum_2^4 \lambda_n}\right)}.$$

Setzen wir
$$\beta = \frac{1}{2\left(1 + \frac{\lambda_1}{\sum\limits_2^4 \lambda_n}\right)} = \frac{1}{2\,(1+m)} \tag{31}$$

und drücken M_{2a} durch β aus, so erhalten wir
$$M_{2a} = \beta\, M. \tag{32}$$

Die Gegenüberstellung der Gleichungsgruppe 28—32 mit den Gl. (17) bis (21) zeigt, daß es für die Bestimmung der Ersatzsteifigkeitszahl des Stabes *I* gleichgültig ist, ob an ihn im Knoten 2 mehrere Stäbe mit der Summe ihrer Steifigkeitszahlen $\lambda_2' = \sum\limits_2^4 \lambda_n$ (Abb. 19a) angeschlossen sind oder ob nur ein einziger Stab mit der Steifigkeitszahl λ_2' (Abb. 19b) angeschlossen ist. Maßgebend ist lediglich das Verhältnis

$$m = \frac{\text{Steifigkeitszahl des mit dem Moment belasteten Trägers}}{\text{Summe der Steifigkeitszahlen der daran angeschlossenen Stäbe}},$$

womit dann aus den Tafeln 11 die Werte für α und β folgen.

Ist durch Gl. (32) M_{2a} ermittelt worden, dann erfolgt die weitere Aufteilung auf die Stäbe *II* bis *IV* im Verhältnis der Steifigkeitszahlen λ_2—λ_4 nämlich:

$$M_{2b} = M_{2a}\frac{\lambda_2}{\lambda_2+\lambda_3+\lambda_4};\quad M_{2c} = M_{2a}\frac{\lambda_3}{\lambda_2+\lambda_3+\lambda_4};\quad M_{2d} = M_{2a}\frac{\lambda_4}{\lambda_2+\lambda_3+\lambda_4}. \tag{33}$$

Im Falle einer Einspannung in den Punkten 3, 4 oder 5, treten in Gl. (28) im Nenner an Stelle der Steifigkeitszahlen der angeschlossenen Stäbe die entsprechenden Ersatzsteifigkeitszahlen der Stäbe *II*—*IV*.

5. Vereinfachte Bestimmung der Ersatzsteifigkeits- und Fortpflanzungszahl

Im vorhergehenden Absatz haben wir ein genaues Verfahren kennengelernt, um die Ersatzsteifigkeitszahl eines Trägers zu bestimmen. Bei Durchlaufträgern über sehr viele Felder, besonders aber bei größeren Rahmengebilden, erweist sich dieser Vorgang immer noch als umständlich. Es soll nun ein Weg gefunden werden, um auf möglichst einfache Weise zu „praktisch genauen" Werten für die Ersatzsteifigkeitszahl und die Fortpflanzungszahl zu gelangen. Wie schon der Ausdruck „praktisch genau" andeutet, wird dabei auf mathematische Genauigkeit verzichtet.

Greifen wir auf Absatz 3, Abb. 18 zurück. Die dort errechnete Ersatzsteifigkeitszahl $\overrightarrow{\lambda_1}$ soll auf eine raschere Art ermittelt werden. Für die Größe von $\overrightarrow{\lambda_1}$ ist die Größe $\overrightarrow{\lambda_2}$ maßgebend; diese hängt ihrerseits wieder von $\overrightarrow{\lambda_3}$ ab, usw. Daraus ist schon zu entnehmen, daß unsere Aufgabe darin bestehen wird, für $\overrightarrow{\lambda_2}$ einen Näherungswert $\overrightarrow{\lambda_2'}$ zu finden. Wir bestimmen zu diesem Zweck für verschiedene Verhältnisse $\frac{\lambda_2}{\lambda_3}$ die entsprechenden α- und β-Werte nach Tafel 11 und behalten diese Werte innerhalb gewisser Grenzen als richtig bei. Auf solche Art ist die Tafel 11a entstanden, aus welcher man nun sofort den gewünschten Näherungswert für die Ersatzsteifigkeitszahl entnehmen kann. Z. B. folgt für das Verhältnis $\frac{\lambda_2}{\lambda_3} = \frac{3{,}00}{2{,}50} = 1{,}20$ (Abb. 18) $\overrightarrow{\lambda_2}' = 1{,}13 \cdot \lambda_2$. Es wird also hiebei, worauf besonders hingewiesen sei, der Wert λ_3 verwendet und nicht etwa $\overrightarrow{\lambda_3}$. Der so gewonnene Wert von $\overrightarrow{\lambda_2}'$ weist einen Fehler auf von ungefähr

$$\Delta \overrightarrow{\lambda_2}' = \pm 0{,}04 \overrightarrow{\lambda_2}, \tag{34}$$

wie man sich leicht durch Bestimmung der Grenzwerte aus Tafel 11a überzeugen kann.

Um nun über die Verwendbarkeit des $\overrightarrow{\lambda_2}'$ -Wertes anstelle des genauen Wertes $\overrightarrow{\lambda_2}$ zur Bestimmung von $\overrightarrow{\alpha_1}$ und $\overrightarrow{\beta_1}$ urteilen zu können, müssen wir uns die Frage vorlegen:

Mit welcher Genauigkeit erhält man $\overrightarrow{\alpha_1}$ und $\overrightarrow{\beta_1}$ aus dem Verhältnis $m = \frac{\lambda_1}{\overrightarrow{\lambda_2}}$, wenn $\overrightarrow{\lambda_2}$ mit einem Fehler $\Delta \overrightarrow{\lambda_2} = \pm 0{,}04 \overrightarrow{\lambda_2}$ behaftet ist?

1. Genauigkeit in der Bestimmung von $\overrightarrow{\alpha}$.

Nach Gl. (18) ist

$$\alpha = \frac{4 + 4m}{3 + 4m} = 1 + \frac{1}{3 + 4m},$$

$$\Delta \alpha = \frac{-4}{(3 + 4m)^2} \Delta m,$$

$$\frac{\Delta \alpha}{\alpha} = \frac{-\Delta m}{(3 + 4m)(1 + m)}. \tag{35}$$

Aus

$$m = \frac{\lambda_1}{\overrightarrow{\lambda_2}}$$

folgt:

$$\frac{\Delta m}{m} = \frac{-\Delta \lambda_2}{\overrightarrow{\lambda_2}}; \qquad \Delta m = \frac{-m}{\overrightarrow{\lambda_2}} \Delta \lambda_2 = \mp 0{,}04\, m.$$

Damit geht Gl. (35) über in

$$\frac{\Delta \alpha}{\alpha} = \frac{\pm m}{(3 + 4m)(1 + m)} 0.04$$

und dieser Ausdruck erreicht den Größtwert für

$$m = \sqrt{\frac{3}{4}} = 0{,}867,$$

nämlich

$$\frac{\Delta \alpha}{\alpha} = \pm 0{,}003 = \frac{\Delta \overline{\lambda_1}}{\overline{\lambda_1}}. \tag{36}$$

2. Genauigkeit in der Bestimmung von β.

Nach Gl. (21) ist

$$\beta = \frac{0{,}5}{1 + m},$$

$$\Delta \beta = \frac{-0{,}5}{(1 + m)^2} \Delta m,$$

$$\frac{\Delta \beta}{\beta} = \frac{-\Delta m}{1 + m} = \pm 0{,}04 \frac{m}{1 + m}.$$

Dieser Ausdruck ergibt den größten Wert für $m = \infty$:

$$\left(\frac{\Delta\beta}{\beta}\right)_{m\to\infty} = 0{,}04. \tag{37}$$

Das wäre dem Augenschein nach ein verhältnismäßig großer Fehler. Bringen wir aber nun einmal den Fehler von ΔM_2 (Abb. 18) in Beziehung zum angreifenden Moment $M_1 = \vec{\lambda_1}$. Es ist

$$M_2 = \overrightarrow{\beta_1 \lambda_1},$$

$$\Delta M_2 = \vec{\beta_1}\,\Delta\vec{\lambda_1} + \vec{\lambda_1}\,\Delta\vec{\beta_1},$$

$$\frac{\Delta M_2}{\vec{\lambda_1}} = \vec{\beta_1}\frac{\Delta\vec{\lambda_1}}{\vec{\lambda_1}} + \Delta\vec{\beta_1} = \pm\, 0{,}003\,\vec{\beta_1} \mp \frac{0{,}5\,\Delta m}{(1+m)^2} =$$

$$= \pm\, 0{,}003\,\frac{0{,}5}{1+m} \pm \frac{0{,}5\cdot 0{,}04}{(1+m)^2}\,m.$$

Den größten Wert erreicht dieser Ausdruck für $m = 0{,}860$ mit

$$\frac{\Delta M_2}{M_1} = 0{,}006. \tag{38}$$

Man sieht also aus Gl. (36) und (38), daß man bei Verwendung der $\vec{\lambda_2}'$-Werte (nach Tafel 11a) an Stelle der genauen Werte $\vec{\lambda_2}, \vec{\alpha_1}$-Werte erhält, die als praktisch genau anzusprechen sind und daß auch die mit Hilfe der $\vec{\beta}$-Werte erhaltene Momentenverteilung als praktisch genau bezeichnet werden kann. Es bleibt nur die Frage offen, ob es bei der Momentenverteilung gerechtfertigt ist, ΔM_2 in Verbindung zu M_1 zu bringen oder ob man nicht den Fehler nach Gl. (37) zu berücksichtigen hätte. Nun ist es aber vom praktischen Standpunkt aus ganz klar, daß eine Größe von 0,006 M weder im Angriffspunkt des Momentes selbst, noch auch in den davon entfernt liegenden Teilen für die Bemessung des Tragwerkes eine Rolle spielen kann.

Beispiel 9

Die Ersatzsteifigkeitszahl $\vec{\lambda_1}$ und das Moment M_2 in Abb. 18 ist auf vereinfachte Weise zu bestimmen.

Da $\frac{\lambda_2}{\lambda_3}$ zwischen 1 und 2 liegt, ist $\vec{\lambda_2}' = 1{,}13 \times 3{,}00 = 3{,}39$. (Aus Tafel 11 a.)

Es folgt mit

$$\frac{\lambda_1}{\vec{\lambda_2}'} = \frac{1{,}00}{3{,}39} = 0{,}296 \text{ aus Tafel 11:}$$

$$\vec{\alpha_1} = 1{,}237;\ \beta = 0{,}386$$

und damit

$$M_1 = \vec{\alpha_1}\cdot\lambda_1 = 1{,}237; \qquad M_2 = 0{,}386\cdot 1{,}237 = 0{,}478.$$

6. Zweifeldbalken mit Moment über der Stütze

Über der Mittelstütze eines Zweifeldbalkens greife ein äußeres Moment nach Abb. 20 an. Die Momentverteilung ist zu bestimmen.

Zerschneidet man den Träger über der Stütze 2 und bringt die inneren Momente als äußeres Moment an, dann erhält man zwei freiaufliegende Träger (Abb. 20b), welche beide nur mit einem Moment an einem Trägerende belastet sind. Wegen der Stetigkeit der Biegelinie muß $T_{2a} = T_{2b}$ sein. Setzen wir vorläufig $T_{2a} = T_{2b} = T_2$ als bekannt voraus, dann ergibt sich nach Gl. (7):

$$M_{2a}' = T_{2a}\,\lambda_1$$
$$M_{2b}' = T_{2b}\,\lambda_2. \tag{39}$$

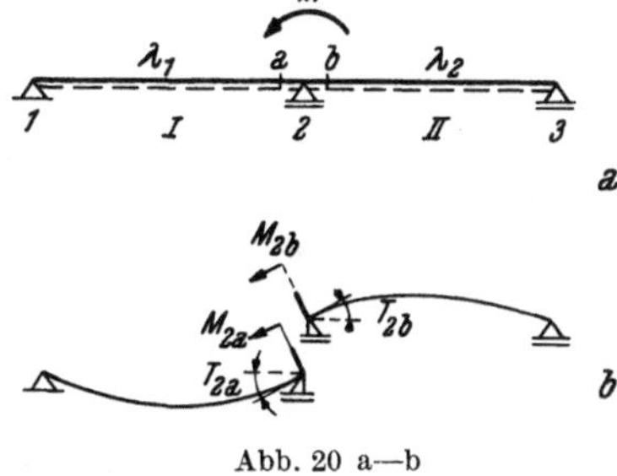

Abb. 20 a—b

Beim Aneinanderfügen der beiden Träger folgt die Größe des äußeren Moments mit:

$$M' = M'_{2a} + M'_{2b} = T_2\,(\lambda_1 + \lambda_2). \tag{40}$$

Aus Gl. (39) und (40) sieht man: Ein Moment, das über der Mittelstütze eines Zweifeldbalkens angreift, verteilt sich auf die einzelnen Felder im Verhältnis der Steifigkeitszahlen. Somit kann die Momentenverteilung infolge des Angriffes eines Momentes M sofort angegeben werden:

$$M_{2a} = \frac{\lambda_1}{\lambda_1 + \lambda_2}\,M,$$
$$M_{2b} = \frac{\lambda_2}{\lambda_1 + \lambda_2}\,M. \tag{41}$$

7. Vielfeldträger mit Moment über einer Stütze

Die Momentenverteilung in einem Vielfeldträger nach Abb. 21 ist zu bestimmen.

Wir zerschneiden den Träger über der Stütze r, wo das Moment angreift und erhalten dadurch zwei Durchlaufträger, die an den Enden mit den äußeren Momenten M_{ra} und M_{rb} belastet erscheinen. Weiters muß, weil die Biegelinie keine Unstetigkeit aufweisen darf,

$$T_{ra} = T_{rb} = T_r \text{ sein.}$$

Nehmen wir wieder zuerst $T_{ra} = T_{rb} = T_r$ als bekannt an, dann folgen aus Gl. (19) die Größen der hiezu erforderlichen Momente mit

$$M_{ra}' = T_r \cdot \overleftarrow{\lambda}_{r-1} \text{ und}$$
$$M_{rb}' = T_r \cdot \overrightarrow{\lambda}_r. \tag{42}$$

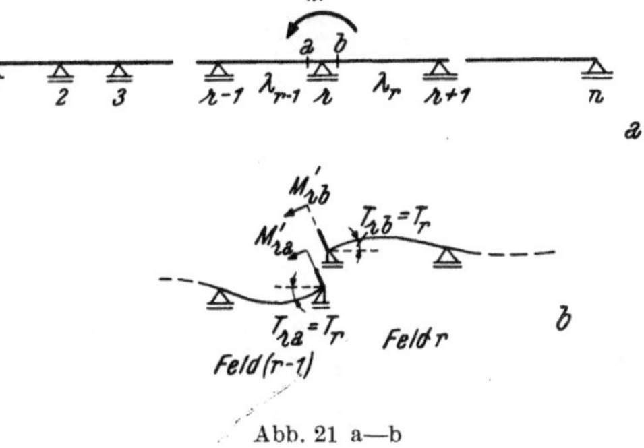

Abb. 21 a—b

Fügen wir die beiden Biegelinien der Abb. 21b aneinander, dann bleibt als äußeres Moment bestehen:

$$M' = M_{ra}' + M_{rb}' = T_r\,(\overleftarrow{\lambda}_{r-1} + \overrightarrow{\lambda}_r). \tag{43}$$

Gl. (42) und (43) besagen: Ein äußeres Moment über der Stütze eines Durchlaufträgers verteilt sich auf die anliegenden Felder im Verhältnis der Ersatzsteifigkeitszahlen. Bei einem gegebenen Angriffsmoment M ergibt sich daher:

$$M_{ra} = \frac{\overleftarrow{\lambda}_{r-1}}{\overleftarrow{\lambda}_{r-1} + \overrightarrow{\lambda}_r} M, \qquad M_{rb} = \frac{\overrightarrow{\lambda}_r}{\overleftarrow{\lambda}_{r-1} + \overrightarrow{\lambda}_r} M. \tag{44}$$

Die Fortpflanzung der so errechneten Momente M_{ra} und M_{rb} auf die übrigen Stützen geschieht dann mit Hilfe der Fortpflanzungszahlen. (Vgl. Beispiel 8.)

II. Eingespannte Träger

A. Der beiderseits eingespannte Träger

I. Die allgemeine Berechnung des beiderseits eingespannten Trägers

Ein in Abb. 22 gezeichneter Träger mit beliebiger Belastung kann dann als ein beiderseits eingespannter Träger aufgefaßt werden, wenn in den Punkten A und B die beiden Drehwinkel $T_a = T_b = O$ sind. Die in diesem Fall auftretenden Momente an den Trägerenden sind dann die Einspannmomente und werden der Deutlichkeit halber mit M_a^e und M_b^e bezeichnet. Diese Darstellung erweist sich späterhin als praktisch. Die Berechnung der Einspannmomente selbst geschieht auf Grund der schon angeführten Bedingungen: $T_a = 0$ und $T_b = 0$. Man erhält:

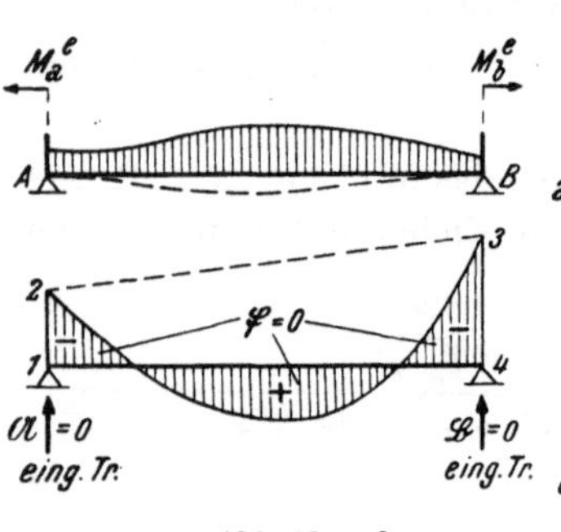

Abb. 22 a—b

$$M_a^e = -\frac{2\,(2\,\mathfrak{A}-\mathfrak{B})}{l} = -\frac{2\,(3\,\mathfrak{A}-\mathfrak{F})}{l} = -\frac{2\,(2\,\mathfrak{F}-3\,\mathfrak{B})}{l},$$
$$M_b^e = -\frac{2\,(2\,\mathfrak{B}-\mathfrak{A})}{l} = -\frac{2\,(3\,\mathfrak{B}-\mathfrak{F})}{l} = -\frac{2\,(2\,\mathfrak{F}-3\,\mathfrak{A})}{l}; \tag{45}$$

darin bedeuten:

$\mathfrak{F}$ Flächeninhalt der Momentenfläche des freiaufliegenden Trägers,
$\mathfrak{A}$ Auflagerdruck der Momentenfläche in A und
$\mathfrak{B}$ Auflagerdruck der Momentenfläche in B.

Die Werte bei Belastung durch Einzellast, durch streckenweise Gleichlasten sowie durch Dreieckslasten sind in den Tafeln 1—5 zusammengestellt, desgleichen die Einflußlinien in Tafel 1.

Sobald die Einspannmomente bekannt sind, erhält man die Feldmomente mit:

$$M_x = \mathfrak{M}_x + M_a \frac{l-x}{l} + M_b \frac{x}{l}, \tag{46}$$

desgleichen erhält man für die Querkräfte

$$Q_x = \mathfrak{Q}_x - \frac{M_a - M_b}{l}; \tag{47}$$

darin bedeuten $\mathfrak{M}_x$ u. $\mathfrak{Q}_x$ die entsprechenden Werte im freiaufliegenden Träger. Die Momente M_a und M_b sind mit ihrem Vorzeichen, wie es sich aus Gl. (45) ergibt, einzusetzen. (Fast immer negativ.)

Es sei noch auf eine besondere Eigenschaft des beiderseits eingespannten Trägers hingewiesen. Bei beliebiger Belastung müssen nach dem MOHR'schen Satz — weil die Drehwinkel $T_a = T_b = 0$ sind — die Auflagerdrücke der Gesamt-Momentenfläche $\mathfrak{A}_{\text{eing. Tr.}}$ und $\mathfrak{B}_{\text{eing. Tr.}} = 0$ sein (Abb. 22b); daher muß auch ihre Summe 0 sein. Die Summe der Auflagerdrücke der Momentenfläche ist aber gleichbedeutend mit der Größe der Momentenfläche $\mathfrak{F}^{\text{eing. Tr.}}$ selbst, so daß für den beiderseits eingespannten Träger gilt: Die Momentenfläche bei beliebiger Belastung muß stets gleich 0 sein. Diese Eigenschaft ermöglicht einerseits eine überschlägige Überprüfung, ob eine gefundene Momentenverteilung überhaupt richtig sein kann, andererseits kann man durch sie die Einspannmomente bei spiegelgleicher Belastung rasch berechnen.

Beispiel 10

Die Einspannmomente sind zu bestimmen, wenn zwei spiegelgleiche Einzellasten angreifen (Abb. 23). Aus der Bedingung, daß die Momentenfläche = 0 sein muß, folgt (Rechteck 1—2—5—6 = = Trapez 2—3—4—5):

$$M^e \cdot l = -(P\,a) \cdot b,$$

$$M^e = -\frac{P\,a\,b}{l}.$$

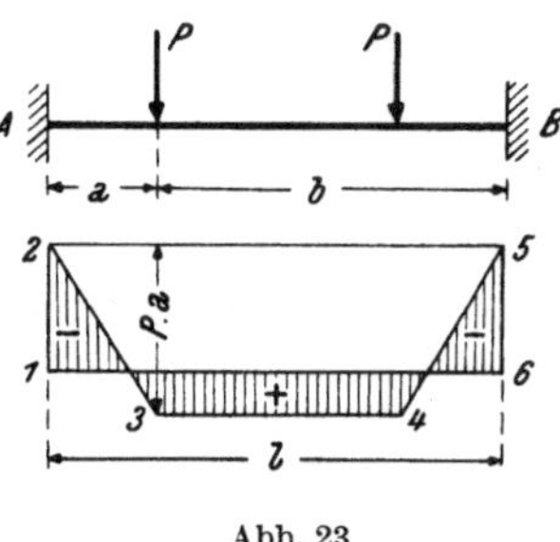

Abb. 23

2. Unmittelbare Bestimmung der Einflußlinie für ein Feldmoment

Um im Punkt C (Abb. 24) die Einflußlinie für ein Feldmoment zu bestimmen, ordnet man dort ein Gelenk an und läßt zwei gleichgroße aber entgegengesetzt gerichtete Momente von solcher Größe angreifen, daß dadurch im Punkt C eine gegenseitige Verdrehung der Trägerenden um den Winkel $\tau_c = 1$ auftritt. Die unter diesem Lastfall entstehende Biegelinie liefert uns dann bereits die gewünschte Einflußlinie. Wir können den Satz auch etwas anders ausdrücken, wenn wir uns in Abb. 24b im Punkt C eine starre Verbindung hergestellt denken. Dann können wir die Einflußlinie auffassen als Biegelinie jenes Trägers, dessen Stabachse im Punkt C einen Winkel von $\tau_c = 1$ aufweist. Vorstellungsmäßig können wir uns diesen Zustand aus einem freiaufliegenden Träger entstanden denken, der im Punkt C den Winkel $\tau = 1$ aufweist (Abb. 24c) und bei dem die Verdrehungswinkel am Auflager

$$\tau_a = 1 - x; \qquad \tau_b = x$$

durch die Einspannmomente M_a u. M_b wieder auf O gebracht worden sind. Die Bedingungsgleichungen hierfür lauten

$$\frac{M_a}{\lambda} + \frac{M_b}{2\lambda} + (1 - x)\frac{3\,E\,J_0}{l_0} = 0,$$
$$\frac{M_a}{2\lambda} + \frac{M_b}{\lambda} + x\,\frac{3\,E\,J_0}{l_0} = 0. \qquad (48)$$

In diesen Gl. stellen die Ausdrücke $\frac{M_a}{\lambda}$ und $\frac{M_b}{2\lambda}$ Drehwinkel nach Gl. (4) vor, also den mit $\frac{3\,E\,J_0}{l_0}$ vervielfachten Verdrehungswinkel τ. Deswegen müssen auch die Winkel τ_a und τ_b mit $\frac{3\,E\,J_0}{l_0}$ vervielfacht erscheinen. Es ist aus Gl. (48):

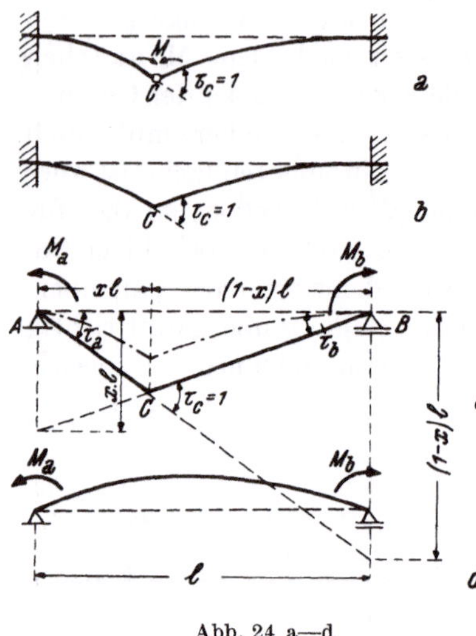

Abb. 24 a—d

$$M_a = 2\,\lambda\,(3\,x - 2)\,\frac{E\,J_0}{l_0} = 2\,(3\,x - 2)\,\frac{J}{l}\,E,$$
$$M_b = 2\,\lambda\,(1 - 3\,x)\,\frac{E\,J^0}{l_0} = 2\,(1 - 3\,x)\,\frac{J}{l}\,E. \qquad (49)$$

Die Biegelinie des geschilderten Trägers der Abb. 24b können wir somit aus zwei Teilen zusammensetzen:

1. Aus dem Dreieck der Abb. 24c, welches gleichbedeutend ist mit der Einflußlinie des freiaufliegenden Trägers und

2. aus der Biegelinie, welche unter der Wirkung der beiden Einspannmomente M_a und M_b entsteht. (Abb. 24d.)

3. Einflußlinie der Querkraft in A

Es soll die Einflußlinie der Querkraft in A für den eingespannten Träger der Abb. 25a ermittelt werden.

Wenngleich diese Aufgabe wegen der vorhandenen Tafel überflüssig erscheint, erweist sich ihre Lösung für die spätere Rahmenberechnung als notwendig.

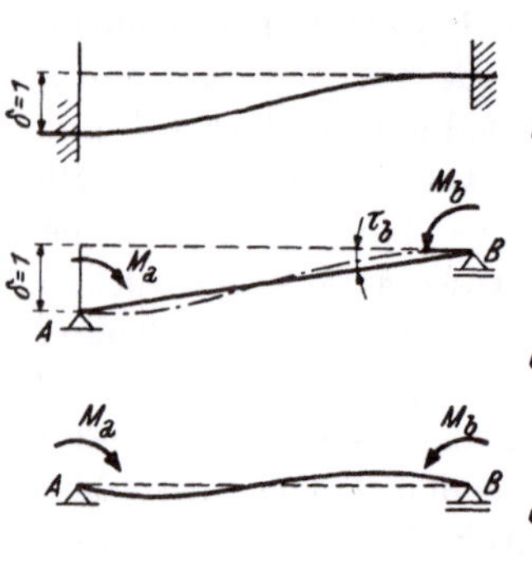

Abb. 25 a—c

Die gesuchte Einflußlinie ist gleichbedeutend mit der Biegelinie eines eingespannten Trägers, der bei A einen Sprung der Stabachse um die Größe 1 aufweist (Abb. 25 a). Die Verformung kann man auch so erreichen, daß man bei einem freiaufliegenden Träger mit dem Höhenunterschied der Auflager $\delta = 1$ die dabei auftretenden Drehwinkel τ_a und τ_b durch die Einspannmomente M_a und M_b auf O zurückführt. (Abb. 25b.)

Es ist

$$\tau_a = -\tau_b = \frac{\delta}{l} = \frac{1}{l}$$

und damit lauten die Bedingungsgleichungen für die Einspannmomente

$$\frac{M_a}{\lambda} + \frac{M_b}{2\lambda} = \frac{3\,E\,J_0}{l_0}\,\frac{1}{l},$$

$$\frac{M_a}{2\lambda} + \frac{M_b}{\lambda} = -\frac{3EJ_0}{l_0}\frac{1}{l},$$

woraus folgt

$$M_a = +\frac{6EJ_0}{l_0}\frac{\lambda}{l} = +\frac{6EJ}{l^2},$$
$$M_b = -\frac{6EJ_0}{l_0}\frac{\lambda}{l} = -\frac{6EJ}{l^2}. \qquad (50)$$

Die Biegelinie in Abb. 24a und damit auch die verlangte Einflußlinie erhält man jetzt durch Übereinanderlegen der geraden Linie von Abb. 24b und der Biegelinie infolge der Momentenbelastung mit M_a und M_b nach Abb. 24c.

B. Der einseitig eingespannte Träger

Es soll das Einspannmoment des einseitig eingespannten Trägers aus den Einspannmomenten des beidseitig eingespannten Trägers abgeleitet werden.

Es seien also für die in Abb. 26 gegebene beliebige Belastung die Einspannmomente M^e bereits gefunden. Wie ändert sich nun das Einspannmoment M_b^e, wenn der Träger am linken Auflager nicht mehr eingespannt ist, sondern frei aufliegt? Um diese Frage beantworten zu können, stellen wir den beiderseits eingespannten Träger der Abb. 26a etwas anders dar, nämlich so, wie ihn Abb. 26c zeigt. An der Belastung und an den Größen der Momente M^e ist dabei nichts geändert worden. Jedoch können wir durch die neue bildliche Darstellung den beiderseits eingespannten Träger der Abb. 26c auffassen als einen einseitig eingespannten Träger, der außer mit den gegebenen Lasten noch mit einem Moment M_a^e an einem freien Ende belastet ist. Unsere Aufgabe aber ist es, einen einseitig eingespannten Träger zu berechnen, der lediglich mit der gegebenen Last belastet ist. Um das zu erreichen, müssen wir das Moment M_a^e ausschalten. Das kann nur so geschehen, daß wir zusätzlich ein gleichgroßes aber entgegengesetzt wirkendes Moment (Gegenmoment) M^G im Punkt A anbringen, wie es in Abb. 26d geschehen ist. Legen wir Abb. 26c und Abb. 26d zusammen, dann erhalten wir das gewünschte Ergebnis. Dabei ist die Momentenverteilung der Abb. 26b nach A. bekannt, jene der Abb. 26d errechnet sich aus Gl. (11) mit

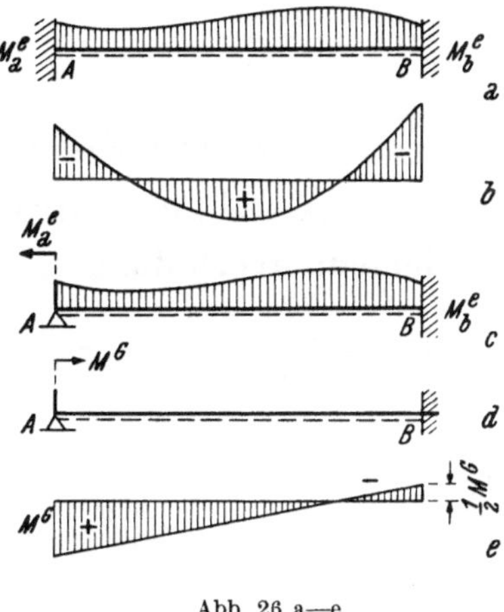

Abb. 26 a—e

$$M_b' = \frac{1}{2} M^G = \frac{1}{2} M_a^e.$$

Die Zusammenlegung ergibt somit für das Einspannmoment des einseitig eingespannten Trägers den Wert

$$M_b = M_b^e + \frac{M_a^e}{2}. \qquad (51)$$

Da die Momente in Abb. 26 bereits im richtigen Sinn eingetragen sind, eine nach abwärts gerichtete Belastung vorausgesetzt, sind die Werte der Gl. (51)

als Absolutwerte aufzufassen. Im allgemeinen ist also, wie aus Gl. (51) folgt, das Einspannmoment des einseitig eingespannten Trägers größer als jenes des zweiseitig eingespannten.

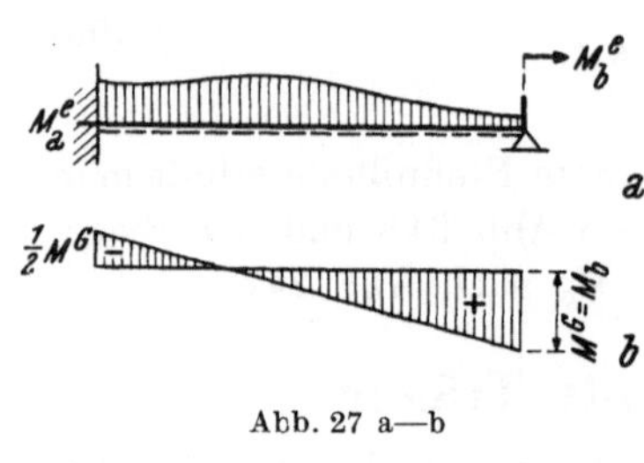

Abb. 27 a—b

Auf die gleiche Weise erhält man, wenn der Träger links in a eingespannt ist und rechts frei aufliegt (Abb. 27):

$$M_a = M_a^e + \frac{M_b^e}{2}. \tag{51a}$$

Bei spiegelgleicher Belastung ist $M_a^e = M_b^e$ und es gehen die Gl. (51) über in

$$M_a = \frac{3}{2} M_a^e,$$

d. h. bei spiegelgleicher Belastung ist das Einspannmoment des einseitig eingespannten Trägers eineinhalbmal so groß wie das Einspannmoment des beiderseits eingespannten Trägers. So erhält man z. B. bei gleichmäßig verteilter Belastung das Einspannmoment mit

$$M = -\frac{3}{2}\frac{q\,l^2}{12} = -\frac{q\,l^2}{8},$$

oder bei einer Einzellast in der Mitte

$$M = -\frac{3}{2}\cdot\frac{P\cdot l}{8} = -\frac{3}{16}Pl.$$

III. Rahmen und Durchlaufträger

A. Allgemeines über Rahmenberechnung

1. Momentenverteilung in einem Rahmen bei beliebiger Belastung

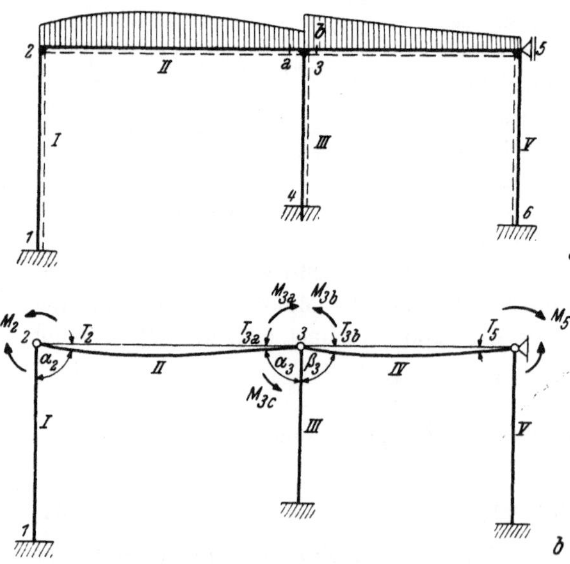

Abb. 28 a—b

Betrachten wir zuerst den allgemeinen Weg der Rahmen-Berechnung unter Verwendung von Elastizitätsgleichungen. Abb. 28a zeigt einen Rahmen mit unverschieblichen Knoten und beliebiger Belastung. Zur Berechnung ordnet man an Stelle der Knoten Gelenke an und erhält auf diese Weise das Grundsystem der Abb. 28b. Hier entstehen durch die Belastungen verschiedene Drehwinkel (T_2, T_{3a}, T_{3b}, T_5), weshalb z. B. zwischen den Stäben I und II nicht mehr ein rechter Winkel vorhanden ist, sondern der Winkel α_2. Desgleichen entstehen im Knoten 3 die Winkel α_3 und β_3 an

Stelle der ursprünglichen rechten Winkel. Das Wesentliche eines Rahmens aber ist, daß in den Knoten zwischen den einzelnen Stäben die rechten Winkel immer erhalten bleiben. Deswegen müssen an den Knoten 2, 3 und 5 noch innere Momente M_2, M_{3a}, M_{3b}, M_{3c} und M_5 (Abb. 28b) wirkend angenommen werden, um jenen Zustand zu erreichen. Auf Grund dieser Bedingungen errechnet man die Größe der inneren Momente mit Hilfe der Elastizitätsgleichungen.

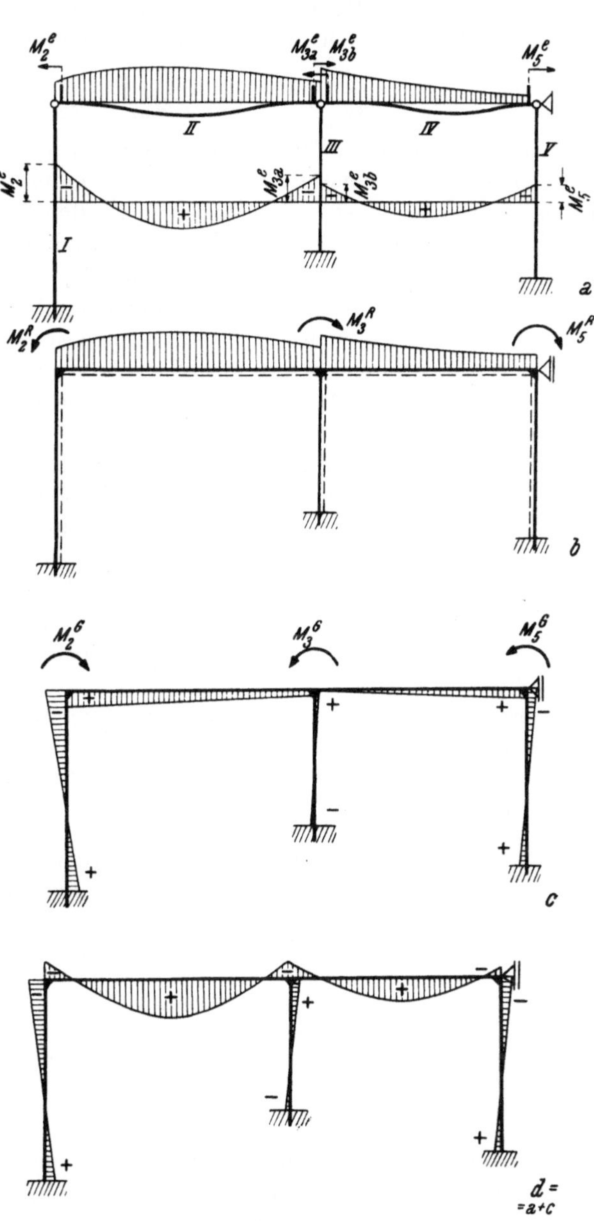

Abb. 29 a—d

Überlegen wir nun Folgendes: In Abb. 28a sind zwischen den einzelnen Stielen freiaufliegende Träger angeordnet worden, durch deren Verbiegung die rechten Winkel zwischen den Stäben *I* und *II*, *II* und *III* usw. verlorengegangen sind. Da aber gerade am wichtigsten ist, daß jene rechten Winkel erhalten bleiben, liegt der Gedanke nahe, sie unverändert beizubehalten, was auf einfache Weise so geschehen kann, daß wir statt der freiaufliegenden Träger *II* und *IV* der Abb. 28b die beiderseits eingespannten Träger *II* und *IV* der Abb. 29a anordnen. Aus der Abb. 29a ist aber ersichtlich, daß jetzt die einzelnen Felder nicht nur mit den gegebenen Lasten sondern außerdem noch mit den Einspannmomenten M_2^e, M_{3a}^e, M_{3b}^e und M_5^e, die wir uns knapp neben den Gelenken angreifend denken müssen, belastet sind. In Abb. 29a können wir nun — weil ja zwischen allen Stäben die rechten Winkel aufrecht erhalten geblieben sind — in den Ecken zwischen den Stäben *I* und *II*, *II* und *III* usw. z. B. kleine Knotenbleche einfügen und durch diese die Stäbe untereinander starr verbinden, ohne daß dadurch irgend welche zusätzliche Spannungen hervorgerufen werden. Auf diese Weise entsteht aus Abb. 29a die Abb. 29b, welche jetzt einen Rahmen zeigt, der außer den gegebenen Lasten noch bestimmte äußere Momente in den Knoten aufweist. Die Größe dieser Momente, welche wir als Restmomente (M^R) bezeichnen wollen ergibt sich nach Abb. 29b aus dem Unterschied der Einspannmomente. Es ist

$$M_2^R = M_2^e; \qquad M_3^R = M_{3a}^e - M_{3b}^e; \qquad M_5^R = M_5^e. \tag{52}$$

Wir müssen uns im klaren sein, daß die Momentenverteilung in Abb. 29b genau die gleiche ist wie jene der Abb. 29a, da ja durch das Einsetzen der Knotenbleche keine zusätzlichen Kräfte hervorgerufen worden sind.

Um jetzt aus Abb. 29b einen Rahmen zu erhalten, der nur mit der gegebenen Last belastet ist, hat man die Momente M_2^R bis M_5^R wegzuschaffen, was wir dadurch erreichen, daß wir in den Rahmenknoten gleich große aber entgegengesetzt gerichtete Momente M^G (wir nennen sie Gegenrestmomente) anbringen (Abb. 29c) und diesen Belastungsfall mit jenem der Abb. 29a zusammenlegen. Dabei heben sich die Momente in den Knoten gegenseitig auf und man erhält das gewünschte Ergebnis.

Die Momentenverteilung in einem Rahmen infolge Belastung durch äußere Momente in dem Knoten kennen wir bereits aus *I/D.*, jene des beiderseits eingespannten Trägers bei beliebiger Belastung aus *II/A.*

Somit ist die Berechnung eines Rahmens durch folgenden Weg gegeben:

1. Man betrachtet jeden belasteten Stab als beidseitig eingespannten Träger und bestimmt die Einspannmomente (Abb. 29a).

2. Man bestimmt die dadurch an den Knoten auftretenden Restmomente (Abb. 29b).

3. Ermittelt man die Momentenverteilung im Rahmen infolge der Gegenrestmomente (Abb. 29c).

4. Erhält man die endgültige Momentenverteilung durch Zusammenlegen von 1 und 3. (Abb. 29d.)

2. Momentenverteilung in einem Rahmen, wenn nur ein Feld belastet ist

Bezeichnen M_a^e und M_b^e die Einspannmomente des in A und B voll eingespannten Trägers, ferner

$$m_1 = \frac{\lambda_r}{\sum_1^3 \overleftarrow{\lambda}_n^{r-1}}, \qquad m_2 = \frac{\lambda_r}{\sum_1^3 \overrightarrow{\lambda}_n^{r}}. \quad \text{(s. Abb. 30)} \tag{53a}$$

dann ergeben sich die Rahmenmomente M_a und M_b nach den Ausführungen des vorhergehenden Abschnittes mit:

$$M_a = \frac{1}{4(1+m_1)(1+m_2)-1}\left[(4m_2+3)M_a^e + 2m_2 M_b^e\right].$$

$$M_b = \frac{1}{4(1+m_1)(1+m_2)-1}\left[(4m_1+3)M_b^e + 2m_1 M_a^e\right]. \tag{53b}$$

Bei Einzellasten können diese Rahmenmomente unmittelbar aus den Tafeln 14—22, bei einer Gleichlast aus Tafel 12 entnommen werden. (Vgl. Beispiel 23.)

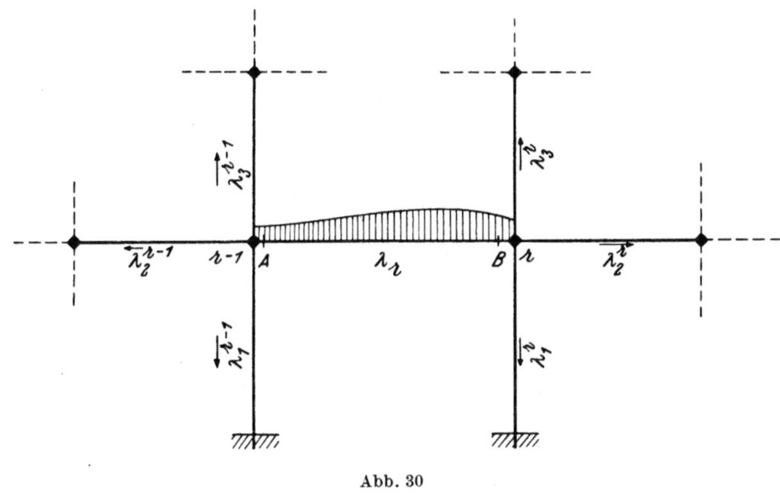

Abb. 30

3. Einflußlinie für ein Eckmoment

Um die Einflußlinie eines Eckmomentes zu finden, bringen wir an der betreffenden Stelle (Punkt a in Abb. 31) ein Halbgelenk an und lassen dort zwei

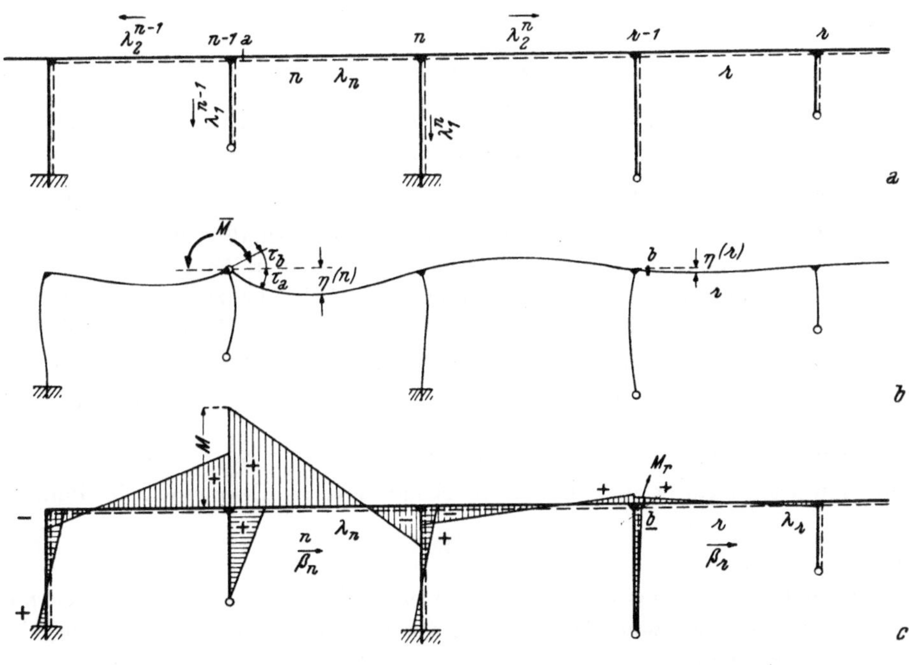

Abb. 31 a—c

gleich große aber entgegengesetzt wirkende Momente $\overline{M}$ angreifen, welche eine solche Größe besitzen müssen, daß durch sie eine Winkeländerung von

$$\tau = \tau_a + \tau_b = 1$$

hervorgerufen wird. Die hiebei entstehende Biegelinie ist bereits die gesuchte Einflußlinie.

Zuerst müssen wir also den Wert für jenes Moment $\overline{M}$ feststellen. Es ist:

$$\tau_a = \frac{l_0}{3\,E\,J_0}\,\frac{\overline{M}}{\overrightarrow{\lambda}_n},$$

$$\tau_b = \frac{l_0}{3\,E\,J_0}\,\frac{\overline{M}}{\overleftarrow{\lambda}_2^{n-1} + \overleftarrow{\lambda}_1^{n-1}} = \frac{l_0}{3\,E\,J_0}\,\frac{\overline{M}}{\Sigma\overleftarrow{\lambda}_i^{n-1}}.$$

Darin bedeuten l_0 und J_0 die nach Gl. (1) beliebig gewählten Festwerte, i die Anzahl der an den Träger n angeschlossenen Stäbe im Knoten $(n-1)$. Aus der Bedingung

$$\tau_a + \tau_b = 1 = \frac{l_0}{3\,E\,J_0}\left(\frac{1}{\overrightarrow{\lambda}_n} + \frac{1}{\Sigma\overleftarrow{\lambda}_i^{n-1}}\right)\overline{M} = \frac{l_0}{3\,E\,J_0}\,\frac{\overrightarrow{\lambda}_n + \Sigma\overleftarrow{\lambda}_i^{n-1}}{\overrightarrow{\lambda}_n\cdot\Sigma\overleftarrow{\lambda}_i^{n-1}}\,\overline{M}$$

erhält man

$$\overline{M} = \frac{\overrightarrow{\lambda}_n\,\Sigma\overleftarrow{\lambda}_i^{n-1}}{\overrightarrow{\lambda}_n + \Sigma\overleftarrow{\lambda}_i^{n-1}}\,\frac{3\,E\,J_0}{l_0} \tag{54}$$

oder, wenn man

$$M = 3\,\frac{\Sigma\overleftarrow{\lambda}_i^{n-1}}{\overrightarrow{\lambda}_n + \Sigma\overleftarrow{\lambda}_i^{n-1}}\,\overrightarrow{\lambda}_n \tag{55}$$

setzt,

$$\overline{M} = M\cdot\frac{E\,J_0}{l_0}. \tag{56}$$

Mit diesem Wert $\overline{M}$ können nun nach I/D auch alle übrigen Momente, ähnlich jenen der Abb. 31c, bestimmt werden und man erhält endlich die gesuchte Biegelinie als Momentenlinie der mit den $\frac{1}{E\cdot J_r}$ -fach verzerrten Momentenflächen belasteten Träger. Für die rechnerische Durchführung ist es zweckmäßig, im Punkt a nicht das Moment $\overline{M}$ sondern das Moment M nach Gl. (55) angreifen zu lassen und die dadurch entstehende Momentenverteilung nach Abb. 31c zu bestimmen. Auf diese Weise sei im Felde r im Eckpunkt b das Moment M_r bekannt. Wollen wir jetzt die oben geschilderte Biegelinie im Feld r erhalten, dann müssen wir vorerst diese Momente im $r$ten Feld entsprechend der Gl. (56) mit $\frac{E\,J_0}{l_0}$ und außerdem mit dem Wert $\frac{1}{E\,J_r}$, also insgesamt mit $\frac{E\,J_0}{l_0}\,\frac{1}{E\,J_r} = \frac{J_0\cdot l_r}{l_0\,J_r\,l_r} = \frac{1}{\lambda_r\,l_r}$ verzerren. Damit lautet auch das entsprechend verzerrte Eckmoment im Punkt b

$$M_r' = M_r\,\frac{1}{\lambda_r\,l_r}. \tag{57}$$

Die Ordinaten der Biegelinie im Feld r folgen nunmehr als die Momente der mit diesen Flächen belasteten Träger und wir können sie unter Benutzung der Tafel 9 angeben mit

$$y_r = \zeta\,M_r'\,l_r^2 = \left(M_r\,\frac{l_r}{\lambda_r}\right)\zeta, \tag{58}$$

wobei die ζ-Werte nur vom Wert $\overrightarrow{\beta_r}$ abhängen (vgl. Beispiel 22). Es sind noch die Vorzeichen zu bestimmen. Dazu müssen wir die Ausgangsgleichung betrachten, welche lautet:

$$\overline{M}\ \delta_{MM} + \delta_{MP} = 0,\ \text{woraus mit}\ \delta_{MM} = 1$$

$$\overline{M} = -\delta_{MP} = -\delta_{PM}\ \text{folgt.}$$

Nun ist δ_{PM} die Durchbiegung im Lastangriffspunkt infolge der Momentenbelastung $\overline{M}$ und dann positiv, wenn sie in der Kraftrichtung, also nach unten, erfolgt. Da nun $\overline{M}$ *negativ* gleich ist der Durchbiegung δ_{PM} sind dementsprechend die Einflußlinien-Ordinaten *unter*halb des Trägers als negativ zu bezeichnen. Um eine Einflußlinie zu erhalten, deren positive Ordination, wie üblich, unten liegen, ist es zweckmäßig, gleich zu Beginn der Rechnung das Moment $\overline{M}$ entgegengesetzt wie in Abb. 31 b wirkend anzunehmen (vergl. Beispiel 22).

Ein anderer Weg zur zahlenmäßigen Durchführung der Berechnung entspricht jenem, welcher bei der Ermittlung der Einflußlinie für Feldmomente gezeigt wird. Die Ordinaten werden in diesem Fall unter Benützung der Tafeln 16—24 errechnet.

4. Einflußlinie für ein Feldmoment

Wir wollen die Einflußlinie für das Moment im Punkt c des Feldes n der Abb. 32 auf ähnliche Weise bestimmen, wie dies für den beiderseits eingespannten Träger in *II/A* geschehen ist. Genau so wie dort kann auch hier beim Rahmen die Einflußlinie für ein Feldmoment aufgefaßt werden als Biegelinie, die entsteht, wenn der Stab n im Punkt c einen Winkel $\tau_c = 1$ aufweist. Um sie zu ermitteln, hängen wir im Feld n einen beiderseits eingespannten Träger ein, der in c den Winkel $\tau_c = 1$ besitzt (Abb. 32b). Die Ordinaten dieser Biegelinie (= Einflußlinie für das Feldmoment des eingespannten Trägers) können unmittelbar aus Tafel 1 entnommen werden. Die Größen M_a und M_b der Abb. 32b sind durch Gl. (49) festgelegt. In Abb. 32b können wir nun in den Ecken starre Knotenbleche einsetzen und erhalten so die Abb. 32c, welche uns die Biegelinie eines Rahmens zeigt, der im Punkt c den Winkel $\tau_c = 1$ aufweist und außerdem mit zwei äußeren Momenten belastet ist.

Um jetzt die von uns gewünschte Biegelinie zu erhalten, haben wir die Wirkung der beiden Momente M_a und M_b durch Gegenmomente auszuschalten (Abb. 32d). Wir bestimmen dazu die durch sie hervorgerufene Momentenverteilung und die entstehende Biegelinie (Abb. 32d). Legen wir nun Abb. 32d mit Abb. 32c zusammen, dann erhalten wir in der Summe bereits die Einflußlinie für das Moment in Punkt c des Feldes n.

Die zahlenmäßige Durchführung geschieht mit Hilfe der Tafeln 25—52. Man erhält daraus die Ordinaten der Einflußlinie im Feld n (Hauptfeld) in der Form

$$y = \eta \cdot l_n. \tag{59}$$

In den übrigen Feldern (Nebenfelder) hängen die Ordinaten der Einflußlinie nur von der Belastung des Rahmens mit $M_a{}^G$ und $M_b{}^G$ ab, deren Größe wir aus Gl. (49) kennen mit

$$M_a^G = 2\,(3\,x - 2)\,\frac{J_n}{l_n}\,E\ \text{ und }\ M_b^G = 2\,(1 - 3\,x)\,\frac{J_n}{l_n}\,E. \tag{60}$$

n-1
n
Feld n
Feld r
a
b
C
c
d
A
B
μ links
μ rechts
Feld n
Feld r
e
μ^c links
μ^c rechts
f

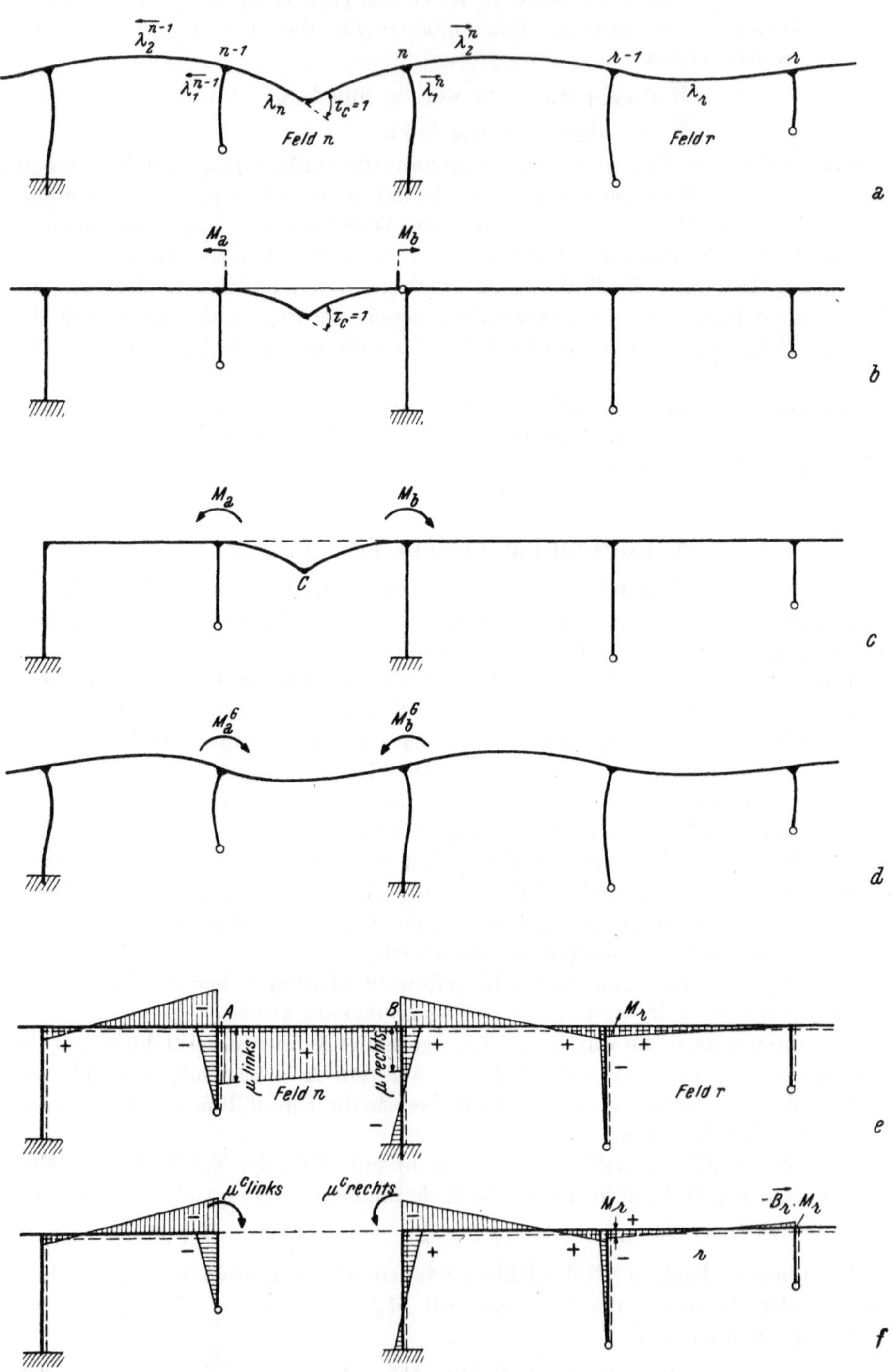

Abb. 32 a—f

Für die Rechnung selbst verwenden wir aber den mit $\frac{l_n}{J_n E}$ vervielfachten Wert, also $2 \cdot (1-3x)$ bzw. $2 \cdot (3x-2)$. Damit wurden die auf die beiden Rahmenteile der Abb. 32f wirkenden Momente μ^c_{links} und μ^c_{rechts} „Anschlußmomente“ genannt, errechnet und in Tafeln zusammengestellt. Jetzt sind die dadurch hervorgerufenen Momente in den 2 Rahmenteilen zu ermitteln. Sobald dies nach den Anleitungen in I/D geschehen ist, benötigen wir weiters die davon hervorgerufenen Momente, welche sich unter Benützung der Tafel 9 im Feld r ergeben mit

$$M' = \zeta M_r l_r^2,$$

worin M_r das im linken Eckpunkt des Feldes r auftretende Moment bedeutet (Abb. 32f). Um nun die Ordinaten der Einflußlinie selbst zu erhalten, sind die Werte M' noch zu vervielfachen und zwar mit $\frac{E J_n}{l_n}$ entsprechend der Gl. (60) und außerdem mit $\frac{1}{E J_r}$, weil wir die unverzerrten Momente als Belastung in die Rechnung einführten. Daher sind die Ordinaten im Felde r:

$$y_r = \zeta \cdot M_r \frac{E J_n}{l_n} \frac{1}{E J_r} l_r^2 = \zeta \left(M_r \frac{\lambda_n}{\lambda_r} \right) \cdot l_r. \tag{61}$$

ζ hängt hiebei vom Wert $\overrightarrow{\beta_r}$ ab und ist der Tafel 9 zu entnehmen.

5. Einflußlinie einer Querkraft beim Knoten

(z. B. im Punkt A der Abb. 33).

Wir können in Anlehnung an Absatz 4, ohne in weitere Einzelheiten eingehen zu müssen, feststellen, daß sich auch die Einflußlinie einer Querkraft beim Knoten aus zwei Teilen bilden läßt.

1. Aus der Einflußlinie des Auflagerdruckes beim beiderseits eingespannten Träger (Abb. 33b).

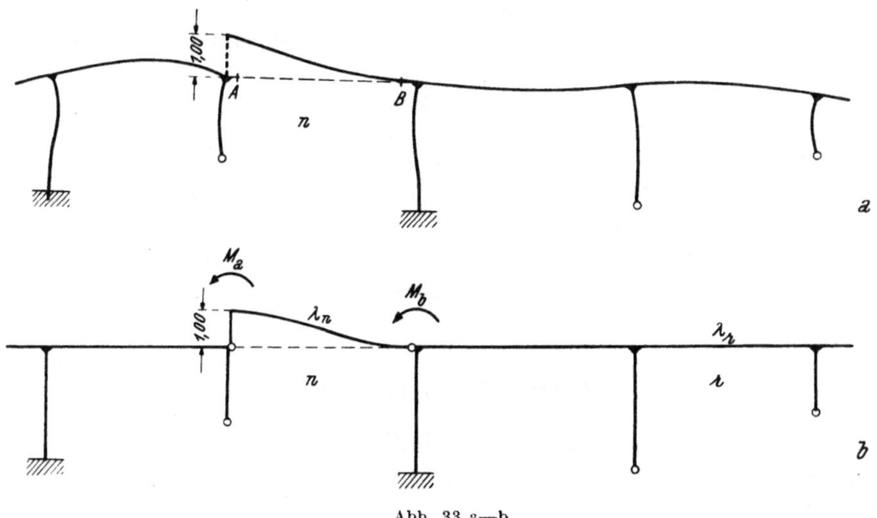

Abb. 33 a—b

2. Aus der Biegelinie, welche sich unter der Momentverteilung durch die Gegenmomente bildet (Abb. 33c).

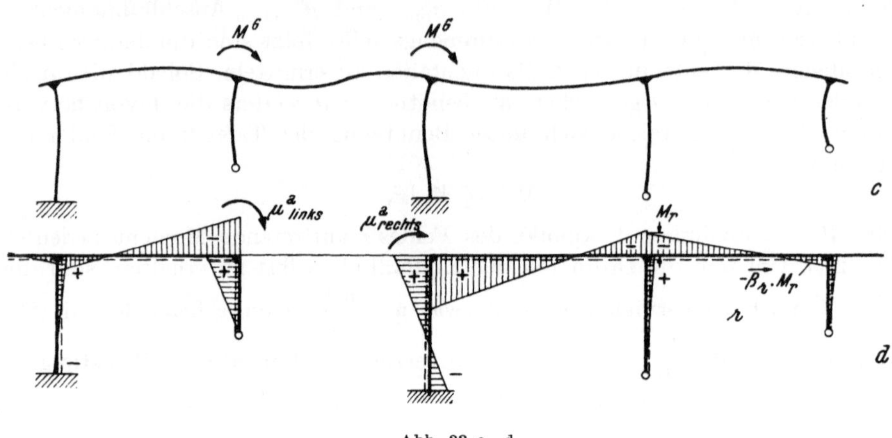

Abb. 33 c—d

Dabei beschränkt sich der erste Teil wieder nur auf das Feld n, sodaß in den übrigen Feldern lediglich der zweite Teil aufscheint. Werden zur Berechnung die Tafeln 53—55 benützt, dann ergeben sich die Ordinaten der Einflußlinie wie folgt.

$$\begin{aligned} &\text{Feld } n: \quad y_n = \eta_n \text{ (aus den Tafeln 53—54 zu entnehmen)},\\ &\text{Feld } r: \quad y_r = M_r\left(\frac{\lambda_n}{\lambda_r}\right)\cdot\zeta, \end{aligned} \tag{62}$$

wobei M_r wieder infolge des Angriffes der „Anschlußmomente" (aus Tafel 55) entsteht (Abb. 33d) und ζ von dem entsprechenden β_r-Wert abhängig ist.

6. Einflußlinie der Querkraft in einem beliebigen Punkt c des Feldes n

Aus Abb. 34 ersieht man: steht die Last rechts vom Punkt c, dann ist $Q_c = Q_a$, steht sie links von c, dann ist $Q_c = Q_b$, daher ist also auch links vom Punkt c die Einflußlinie der Querkraft in c gleich der Einflußlinie für Q_b und rechts von c ist sie gleich jener von Q_a. Dabei ist zu beachten, daß die Einflußlinie für Q_a und Q_b außerhalb des Feldes n einander gleich sind und im Feld n die Beziehung gilt: $\eta_{Qa} = 1 - \eta_{Qb}$.

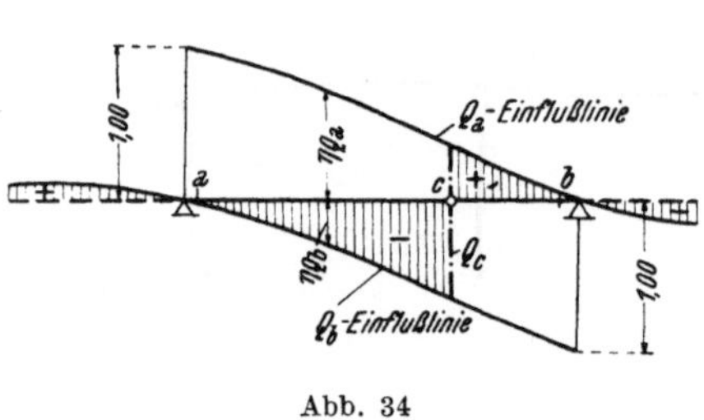

Abb. 34

B. Durchlaufträger

1. Zweifeldbalken

Ein Zweifeldbalken mit den Steifigkeitszahlen λ_1 und λ_2, nach Abb. 35 belastet, ist zu berechnen.

Wir ordnen in beiden Feldern einseitig eingespannte Träger nach Abb. 35b an. Die Einspannmomente hierfür lauten

$$M_{2a}^{e'} = -\frac{q_1 l_1^2}{8}; \quad M_{2b}^{e'} = -\frac{q_2 l_2^2}{8};$$

Es bleibt somit, wenn man die beiden Einhängträger miteinander verbindet (Abb. 35c), ein Restmoment bestehen in der Größe von:

$$M^R = M_{2a}^{e'} - M_{2b}^{e'} = \frac{1}{8}(q_1 l_1^2 - q_2 l_2^2)$$

Ist hiebei $q_1 l_1^2 > q_2 l_2^2$ dann hat das Restmoment den in Abb. 35c eingetragenen Richtungssinn. Dieses Restmoment haben wir nun durch das Gegenrestmoment auszuschalten. In Abb. 35e ist die Momentenverteilung infolge des Gegenrestmomentes gezeichnet. Die Aufteilung im Verhältnis der Steifigkeitszahlen ergibt

$$M'_{2a} = +\frac{M^R}{\lambda_1 + \lambda_2}\lambda_1; \quad M'_{2b} = -\frac{M^R}{\lambda_1 + \lambda_2}\lambda_2.$$

Das endgültige Stützenmoment hat daher eine Größe von:

$$M_{2a} = -\frac{q_1 l_1^2}{8} + M^R \frac{\lambda_1}{\lambda_1 + \lambda_2} \text{ oder}$$
$$M_{2b} = -\frac{q_2 l_2^2}{8} - M^R \frac{\lambda_2}{\lambda_1 + \lambda_2}, \quad (63)$$

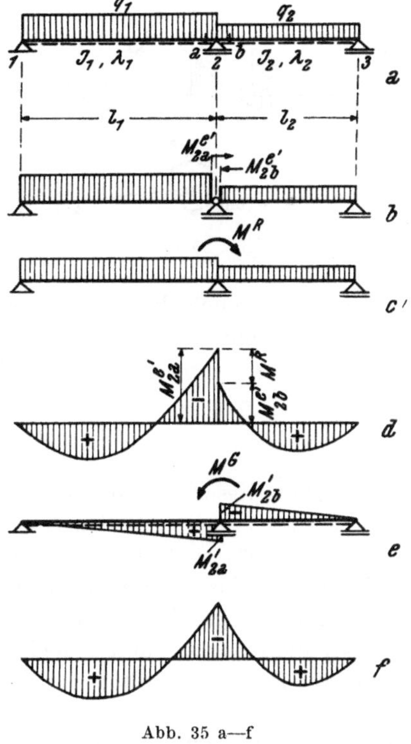

Abb. 35 a—f

wobei die beiden Ausdrücke das gleiche Ergebnis liefern müssen. Gl. (63) kann wegen ihres durchsichtigen Aufbaues sofort angeschrieben werden. Das Stützenmoment muß, wie aus der Ableitung hervorgeht, unbedingt zwischen den beiden Einspannmomenten der als einseitig eingespannt gedachten Träger liegen, was eine wertvolle Überprüfungsmöglichkeit darstellt.

Beispiel 11

Ein Durchlaufträger über zwei Felder nach Abb. 36a ist zu berechnen. Gegenüber der vorangegangenen Aufgabe tritt im Berechnungsgang nur der Unterschied auf, daß wir jetzt in den beiden Feldern *beider*seits eingespannte Träger anordnen, statt wie vorhin *ein*seitig eingespannte. Die Größe des Restmomentes folgt dementsprechend mit:

$$M^R = \frac{1}{12}(q_1 l_1^2 - q_2 l_2^2).$$

Die Momentenverteilung infolge des Gegenrestmomentes zeigt uns Abb. 36 d, wobei sich das Gegenrestmoment wieder

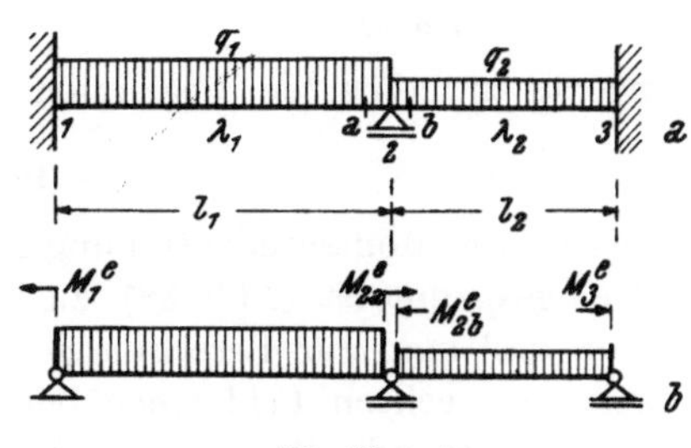

Abb. 36 a—b

im Verhältnis der Ersatzsteifigkeitszahlen auf die zwei Felder aufteilt, so daß wir erhalten:

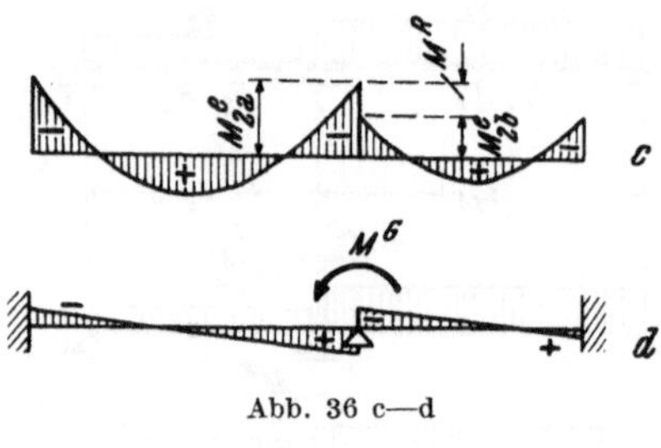

Abb. 36 c—d

$$M'_{2a} = + M^R \frac{\overleftarrow{\lambda_1}}{\overleftarrow{\lambda_1} + \overrightarrow{\lambda_2}}$$

$$M'_{2b} = - M^R \frac{\overrightarrow{\lambda_2}}{\overleftarrow{\lambda_1} + \overrightarrow{\lambda_2}}.$$

In unserem Falle ist sowohl $\overleftarrow{\lambda_1} = 1{,}33\,\lambda_1$ als auch $\overrightarrow{\lambda_2} = 1{,}33\,\lambda_2$. Deswegen kann in den aufscheinenden Brüchen überall statt des λ-Wertes auch der $\bar{\lambda}$-Wert verwendet werden und wir erhalten das endgültige Ergebnis in der Form:

$$\begin{aligned} M_{2a} &= -\frac{1}{12} q_1 l_1^2 + M^R \frac{\lambda_1}{\lambda_1 + \lambda_2}, \\ M_{2b} &= -\frac{1}{12} q_2 l_2^2 - M^R \frac{\lambda_2}{\lambda_1 + \lambda_2}. \end{aligned} \qquad (64)$$

Der Aufbau dieser Gl. ist ebenso klar wie jener von Gl. (63), weswegen man sie auch wieder unmittelbar anschreiben kann.

Aus Gl. (63) und (64) können wir auch rasch entnehmen, unter welchen Bedingungen das Stützmoment unabhängig wird von den Steifigkeitszahlen. Das kann nur der Fall sein, wenn das Restmoment $M^R = 0$ ist, weil dann in Gl. (63) und (64) das zweite Glied entfällt. Das Restmoment M^R ist aber gleich 0, wenn die Beziehung gilt:

$$q_1 l_1^2 = q_2 l_2^2.$$

Damit geht Gl. (63) über in

$$M_{2a} = M_{2b} = -\frac{q_1 l_1^2}{8} = -\frac{q_2 l_2^2}{8}$$

und entsprechend folgt aus Gl. (64)

$$M_{2a} = M_{2b} = -\frac{q_1 l_1^2}{12} = -\frac{q_2 l_2^2}{12}.$$

Wieso in diesem Fall die Stützenmomente unabhängig sein können von den Steifigkeitszahlen, zeigt in anschaulicher Weise Abb. 37. Es haben hier die Träger der Felder 1 und 2 in den Punkten 2a und 2b gleichgroße Einspannmomente, weswegen es unmittelbar möglich ist, sie zu einem Durchlaufträger zusammenzusetzen, weil in diesem Sonderfall eine gemeinsame waagrechte Tangente an die beiden Biegelinien über der Stütze b von vornherein gegeben ist.

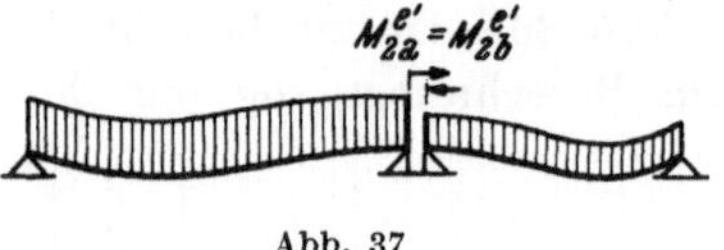

Abb. 37

Beispiel 12

Es ist die Momentenverteilung in einem Zweifeldbalken, der an einem Ende voll eingespannt ist (Abb. 38), zu bestimmen. Hier geht man praktischerweise so vor, daß man zur Berechnung im linken Feld einen einseitig eingespannten Träger, im rechten Feld einen beidseitig eingespannten Träger anordnet. Das hiebei entstehende Restmoment hat die Größe

$$M^R = \frac{1}{8} q_1 l_1^2 - \frac{1}{12} q_2 l_2^2,$$

seine Richtung ergibt sich unter der Voraussetzung, daß $\frac{1}{8} q_1 l_1^2 > \frac{1}{12} q_2 l_2^2$, ist so wie in der Abb. 38b eingezeichnet. Dem entspricht ein Gegenrestmoment nach Abb. 38c, welches sich im Verhältnis der Steifigkeits-, bzw. der Ersatzsteifigkeitszahl auf die Felder verteilt und man erhält diese Teilmomente mit

$$M_{2a}'' = \frac{\lambda_1}{\lambda_1 + \overrightarrow{\lambda_2}} M^R,$$

$$M_{2b}'' = -\frac{\overrightarrow{\lambda_2}}{\lambda_1 + \overrightarrow{\lambda_2}} M^R.$$

Daraus errechnet sich die Größe des Stützmomentes mit

$$M_{2a} = -\frac{1}{8} q_1 l_1^2 + \frac{\lambda_1}{\lambda_1 + \overrightarrow{\lambda_2}} \cdot M^R$$

oder (65)

$$M_{2b} = -\frac{1}{12} q_2 l_2^2 - \frac{\overrightarrow{\lambda_2}}{\lambda_1 + \overrightarrow{\lambda_2}} M^R.$$

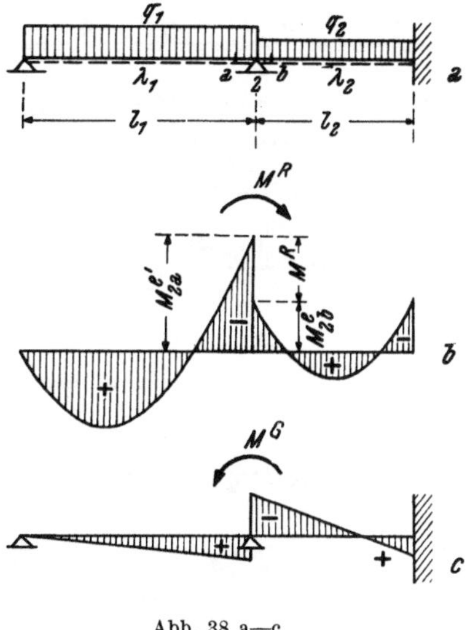

Abb. 38 a—c

Dabei ist für $\overrightarrow{\lambda_2} = \frac{4}{3} \lambda_2$ einzusetzen.

Auch hier ist das Stützenmoment unabhängig von den Steifigkeitszahlen, wenn

$$\frac{1}{8} q_1 l_1^2 = \frac{1}{12} q_2 l_2^2$$

ist.

Gl. (63) bis (65) sollen keinesfalls als Formeln gebraucht werden. Man hat vielmehr in jedem einzelnen Fall den geschilderten Rechnungsvorgang einzuhalten, wobei insbesondere die Richtung des Gegenmomentes mit Hilfe der Vorstellung zu bestimmen ist.

Beispiel 13

Die Momente des in Abb. 39 gezeichneten Trägers sind zu berechnen.

Die Steifigkeitszahlen seien gegeben mit

$$\lambda_1 = \frac{J_1 l_0}{J_0 l_1} = 1{,}50, \qquad \lambda_2 = \frac{J_2 l_0}{J_0 l_2} = 2{,}0.$$

Zunächst ermitteln wir die Größe der Einspannmomente und zwar Feld 1: Für den im Punkt a volleingespannten Träger folgt

$$M_{2a}^{e'} = -0{,}147 \cdot 4{,}0 \cdot 3{,}00 = -1{,}76 \text{ [tm]},$$

Feld 2: beiderseits eingespannte Träger. Man erhält aus Tafel 1:

$$M_{2b}^{e} = -0{,}0630 \cdot 5{,}0 \cdot 4{,}00 = -1{,}26 \text{ [tm]},$$

$$M_{3}^{e} = -0{,}1470 \cdot 5{,}0 \cdot 4{,}00 = -2{,}94 \text{ [tm]};$$

daher hat das Restmoment eine Größe von

$$M^R = 1,76 - 1,26 = 0,50 \text{ [tm]}$$

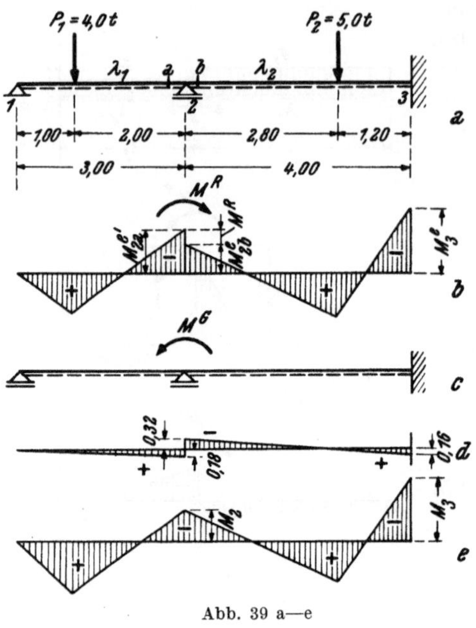

Abb. 39 a—e

und wirkt in dem in Abb. 39b eingezeichneten Sinn. Nun haben wir die Momentenverteilung infolge des Gegenrestmomentes zu bestimmen, welche in Abb. 39d eingetragen ist.

$$\overrightarrow{\lambda_2} = 1,33 \cdot 2,0 = 2,66,$$

$$M'_{2a} = + \frac{1,50}{1,50 + 2,66} \cdot 0,50 = = + 0,18 \text{ [tm]},$$

$$M'_{2b} = - \frac{2,66}{1,50 + 2,66} \cdot 0,50 = = - 0,32 \text{ [tm]},$$

$$M_3' = - \frac{M_{2b}'}{2} = + 0,16 \text{ [tm]}.$$

Endlich folgt die Größe des Stützenmomentes M_2 mit:

$$M_2 = M^e_{2a} + M'_{2a} = = - 1,76 + 0,18 = - 1,58 \text{ [tm]}$$

oder $$M_2 = M^e_{2b} + M'_{2b} = - 1,26 - 0,32 = - 1,58 \text{ [tm]}.$$

Dieser Wert muß zwischen — 1,76 und — 1,26 liegen.

Weiters ist:

$$M_3 = M^e_3 + M_3' = - 2,94 + 0,16 = - 2,78 \text{ [tm]}.$$

2. Vierfeldträger

Ein Vierfeldbalken, an einem Ende eingespannt, mit den Abmessungen und Belastungen nach Abb. 40, soll berechnet werden. Dem Wesen nach unterscheidet sich die Berechnung eines Vielfeldbalkens nur unwesentlich von jener des Zweifeldbalkens.

Mit den Zahlenwerten der Abb. 40 folgen

1. Die λ-Werte:

$$\lambda_1 = 1,00; \quad \lambda_2 = \frac{4,00}{3,50} = 1,14; \quad \lambda_3 = \frac{2 J_1 \cdot 4,00}{J_1 \cdot 4,00} = 2,00; \quad \lambda_4 = \frac{2 J_1}{J_1} \frac{4,00}{3,00} = 2,67.$$

2. Die entstehenden Einspannmomente:

Bei beidseitiger Einspannung:

$$M^e_1 = - 0,1146 \cdot (2,0 \cdot 2,0) \cdot 4,00 = - 1,830 \text{ [tm]},$$

$$M^e_{2a} = - 0,0521 \cdot (2,0 \cdot 2,0) \cdot 4,00 = - 0,835 \text{ [tm]},$$

$$M^e_{2b} = - \frac{1}{12} \cdot 1,0 \cdot 3,50^2 = - 1,02 \text{ [tm]} = M^e_{3a}.$$

q=2,0t/m
q=1,0t/m
4,0t
1,50
a
b
1
2
3
4
5
J1
λ1=1,00
J2=J1
λ2=1,14
J3=2J1
λ3=2,00
J4=2J1
λ4=2,67
2,00
4,00
3,50
4,00
3,00
M2^6=0,185 tm
M3^6=1,02 tm
M4^6=2,25 tm
b
m1 = 1,00/1,37 = 0,73
m2 = 1,14/2,33 = 0,49
m3 = 2,00/2,67 = 0,75
α1 = 1,169
α2 = 1,202
α3 = 1,165
β1 = 0,289
β2 = 0,335
β3 = 0,286
Rechnungs-
vorgang
λ1 = 1,169
λ2 = 1,202 . 1,14 = 1,37
λ3 = 1,165 . 2,00 = 2,33
λ4 = λ4 = 2,67
c
m1 = 1,00/∞ = 0
m2 = 1,14/1,33 = 0,855
m3 = 2,00/1,32 = 1,51
α1 = 1,33
α2 = 1,156
α3 = 1,110
β1 = 0,50
β2 = 0,270
β3 = 0,199
Rechnungs-
vorgang
λ1 = 1,33
λ2 = 1,156 . 1,14 = 1,32
λ3 = 1,110 . 2,0 = 2,22

M = 1,00
1,37/(1,37+1,33) = 0,508
0,50 . 0,492
= 0,246
0,286 . 0,171 = 0,049
1,33/(1,33+1,37) = 0,492
0,335 . 0,508 = 0,171
d
M = 1,00
1,32/(1,32+2,33) = 0,362
0,286 . 0,638 = 0,182
0,50 . 0,098
= 0,049
0,270 . 0,362 = 0,098
2,33/(1,32+2,33) = 0,638
e
M = 1,00
2,67/(2,22+2,67) = 0,545
0,50 . 0,025
= 0,012
0,270 . 0,091 = 0,025
0,199 . 0,455 = 0,091
2,22/(2,22+2,67) = 0,455
f

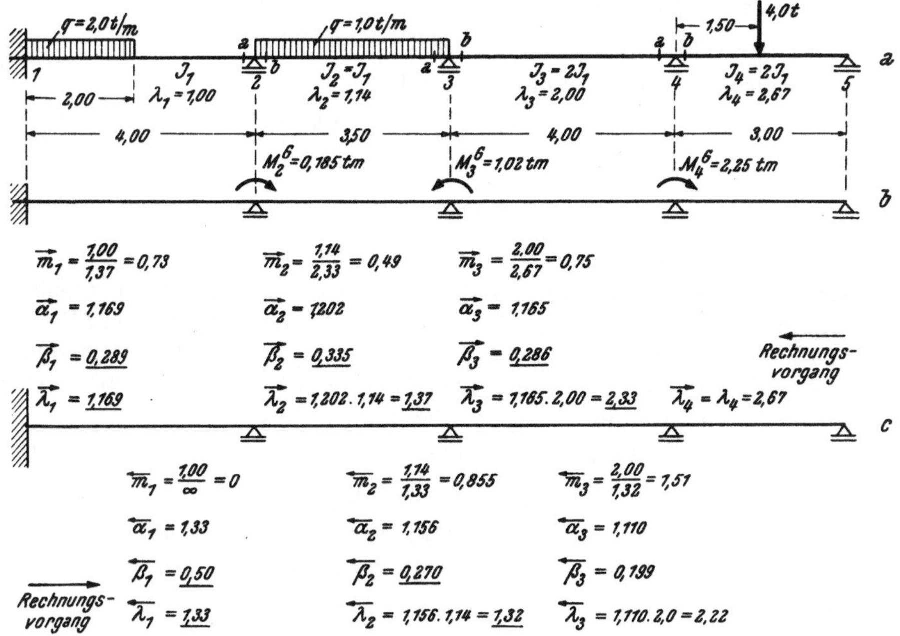

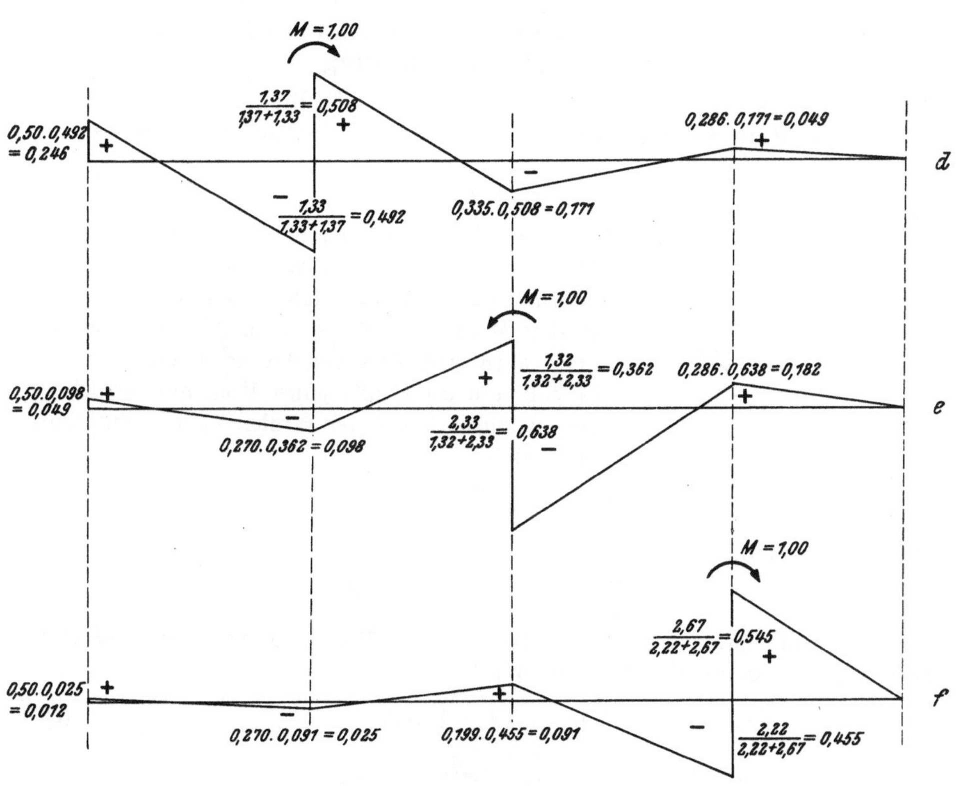

Abb. 40 a—f

Bei einseitiger Einspannung:

$$M^e_{4b} = -0{,}1875 \cdot 4{,}0 \cdot 3{,}00 = -2{,}25 \text{ [tm]}.$$

Damit ergeben sich die Restmomente mit:

$$M^R_2 = 1{,}02 - 0{,}835 = 0{,}185 \text{ [tm]},$$

$$M^R_3 = 1{,}02 \text{ [tm]},$$

$$M^R_4 = 2{,}25 \text{ [tm]}.$$

3. Die Momentenverteilung infolge der Gegenrestmomente.

Sie ermitteln wir auf die Weise, daß wir die einzelnen Momentenverteilungen infolge eines Momentenangriffes $M = 1$ über den Stützen *II*, *III* und *IV* berechnen und entsprechend vervielfacht übereinanderlegen. Der Richtungssinn der Momente $M = 1$ wird hier gleich dem Richtungssinn der Gegenrestmomente angenommen. In Abb. 40d—f ist die Berechnung durchgeführt.

4. Aus Punkt 2 und 3 erhalten wir nun die Größe der Stützmomente mit:

$$M_1 = -1{,}830 + 0{,}246 \cdot 0{,}185 + 0{,}049 \cdot 1{,}02 + 0{,}012 \cdot 2{,}25 = -1{,}71 \text{ [tm]},$$

$$M_{2a} = -0{,}835 - 0{,}492 \cdot 0{,}185 - 0{,}098 \cdot 1{,}02 - 0{,}025 \cdot 2{,}25 = -1{,}08 \text{ [tm]},$$

$$M_{3b} = 0 - 0{,}171 \cdot 0{,}185 - 0{,}638 \cdot 1{,}02 + 0{,}091 \cdot 2{,}25 = -0{,}48 \text{ [tm]},$$

$$M_{4a} = 0 + 0{,}049 \cdot 0{,}185 + 0{,}182 \cdot 1{,}02 - 0{,}455 \cdot 2{,}25 = -0{,}83 \text{ [tm]}.$$

3. Durchlaufträger mit spiegelgleich angeordneten Feldern und mit spiegelgleicher Belastung

An einem freiaufliegenden Träger (Abb. 41) greife am linken Ende ein Moment in der Größe M an, während am rechten Ende stets ein Moment auftrete in der Größe:

$$M_b = k\,M, \tag{66}$$

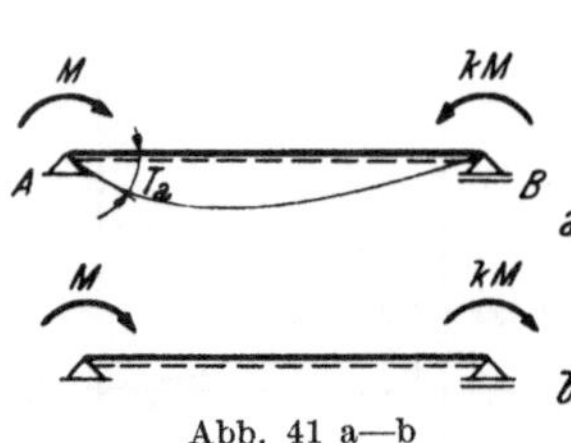

Abb. 41 a—b

wobei k ein gleichbleibender bekannter Wert sei, der unabhängig von der Größe M ist. Das Vorzeichen von k bestimmt sich aus dem Richtungssinn des in B angreifenden Momentes. Es ist k in Abb. 41a positiv, während k in Abb. 41b negativ erscheint.

Es soll nun die Größe jenes Momentes errechnet werden, wodurch bei A der Winkel $T_a = 1$ entsteht. Aus Gl. (5) folgt:

$$T_a = 1 = \frac{M}{\lambda} + \frac{k\,M}{2\,\lambda};$$

damit ergibt sich

$$M = \frac{2}{2+k}\,\lambda = \vec{\alpha}\,\lambda = \vec{\lambda}. \tag{67}$$

Gl. (67) besagt: Greifen an einem Balken zwei Momente derart an, daß stets $M_b = k\,M_a$ ist, dann gibt uns der Wert

$$M_a = \vec{\alpha}\,\lambda = \vec{\lambda} \text{ mit} \tag{68}$$

$$\vec{\alpha} = \frac{2}{2+k}$$

jenes Moment in A an, durch welches dort der Winkel $T_a = 1$ entsteht. Am anderen Trägerende scheint in diesem Fall entsprechend der Voraussetzung das Moment $M_b = k\,M_a$ auf.

Den Wert $\overrightarrow{\lambda}$ bezeichnen wir wieder wie in Abschnitt $I/4$ im erweiterten Sinn als Ersatzsteifigkeitszahl.

Beispiel 14

Am freien Ende eines einseitig eingespannten Trägers greife ein Moment M an. Wie groß muß dieses sein, damit $T_a = 1$ wird? Da hier stets $M_b = -\frac{1}{2} M_a$ ist, d. h. nach Gl. (68) $k = -\frac{1}{2}$ ist, erhalten wir

$$M = \overrightarrow{\lambda} = \frac{2}{2 - \frac{1}{2}} = \frac{4}{3}\lambda.$$

Beispiel 15

Die Momentenverteilung des Dreifeldbalkens nach Abb. 42 ist zu bestimmen. Diese muß auf alle Fälle spiegelbildlich sein, also das Aussehen nach Abb. 42 b haben. Nunmehr ist es unsere Aufgabe, die Aufteilung von M in Punkt 2 festzustellen. Dafür gilt aber auch hier der Satz: ein äußeres Moment teilt sich im Verhältnis der Ersatzsteifigkeitszahlen auf die anliegenden Felder auf. Neuartig ist in diesem Falle lediglich, daß der erweiterte Begriff der Ersatzsteifigkeitszahl angewendet wird, weswegen wir die Verhältnisse ganz im einzelnen betrachten wollen. Wir durchschneiden den Dreifeldbalken in 2 und bringen die inneren Kräfte als äußere an. Dann entsteht rechts vom Schnittpunkt ein Zweifeldbalken, der mit einem Moment in 2b belastet ist. Das erste Feld dieses Zweifeldbalkens hat aber die Eigenschaft, daß unbedingt

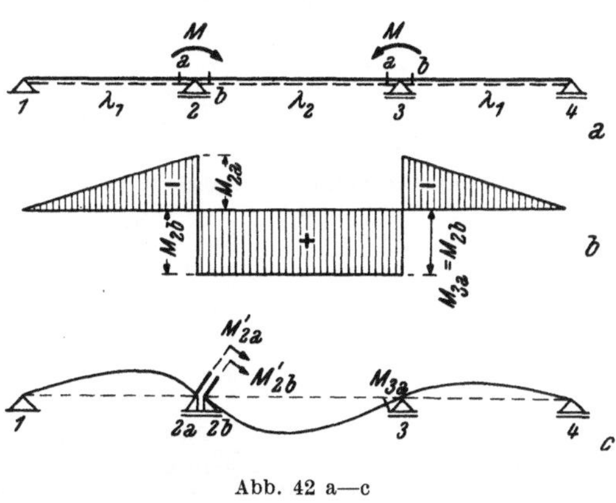

Abb. 42 a—c

$$M_{3a} = M_{2b} \text{ ist.}$$

Somit weist er das Merkmal nach Gl. (66) auf, wobei $k = 1$ ist. Es errechnet sich daher die Ersatzsteifigkeitszahl im erweiterten Sinn für das Feld II nach Gl. (67) mit

$$\overrightarrow{\lambda_2} = \lambda_2 \frac{2}{2+1} = \frac{2}{3}\lambda_2 \tag{69}$$

und wir erhalten die Momentenverteilung

$$M_{2a} = -\frac{\lambda_1}{\lambda_1 + \overrightarrow{\lambda_2}} M = -\frac{\lambda_1}{\lambda + \frac{2}{3}\lambda_2} M \tag{70}$$

$$M_{2b} = + \frac{\frac{2}{3}\lambda_2}{\lambda_1 + \frac{2}{3}\lambda_2} M.$$

Beispiel 16

Die Momentenverteilung eines Dreifeldbalkens nach Abb. 43 ist zu bestimmen. Diese wird das Aussehen nach Abb. 43b haben, d. h. es wird

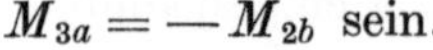

$$M_{3a} = -M_{2b} \text{ sein.}$$

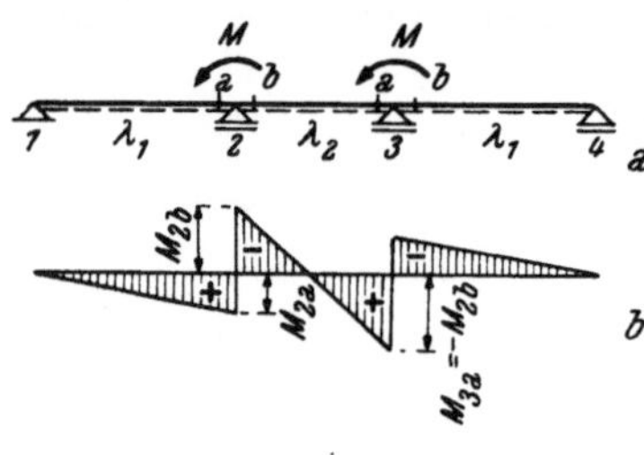

Abb. 43 a—b

Ähnlich wie in der vorhergehenden Aufgabe können wir nun die Ersatzsteifigkeitszahl $\overrightarrow{\lambda_2}$ nach Gl. (68) errechnen, wobei jetzt $k = -1$ zu setzen ist. Man erhält

$$\overrightarrow{\lambda_2} = \frac{2}{2-1}\lambda_2 = 2\,\lambda_2. \tag{71}$$

Daher verteilt sich das Moment M über der Stütze B auf die anliegenden Felder im Verhältnis der $\overline{\lambda_2}$:

$$\begin{aligned} M_{2a} &= + \frac{\lambda_1}{\lambda_1 + \overrightarrow{\lambda_2}} M = + \frac{\lambda_1}{\lambda_1 + 2\lambda_2} M, \\ M_{2b} &= - \frac{\overrightarrow{\lambda_2}}{\lambda_1 + \overrightarrow{\lambda_2}} M = - \frac{2\lambda_2}{\lambda_1 + 2\lambda_2} M, \end{aligned} \tag{72}$$

womit die gewünschte Momentenverteilung gefunden ist. Weiters folgt

$$M_{3a} = -M_{2b},$$
$$M_{3b} = -M_{2a}.$$

Beispiel 17

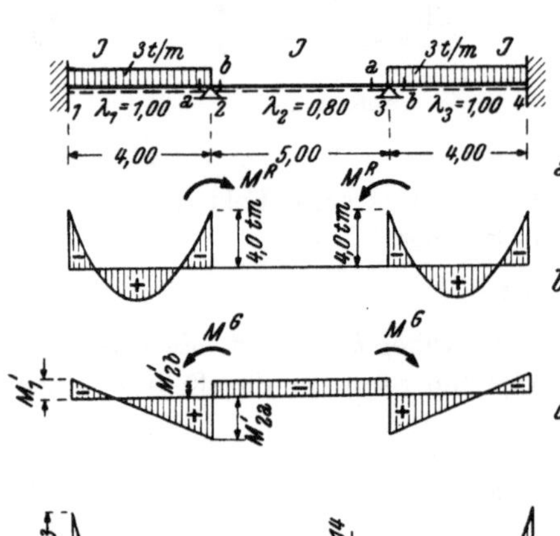

Abb. 44 a—d

Ein Dreifeldbalken mit spiegelgleicher Belastung nach Abb. 44 ist zu berechnen.

Es werden im ersten und im dritten Feld beiderseits eingespannte Träger angeordnet, welche die Einspannmomente besitzen

$$M^e = -3{,}0 \cdot \frac{4{,}00^2}{12} = -4{,}00\,[\mathrm{tm}].$$

Die Restmomente lauten

$$M_2^R = M_3^R = 4{,}00\,[\mathrm{tm}];$$

die Gegenrestmomente wirken wie in Abb. 44c gezeichnet. Die dadurch hervorgerufenen Momentenverteilung können wir nach Beispiel 15 sofort angeben. Es ist

$$M'_{2a} = +4,00 \frac{\frac{4}{3} \cdot \lambda_1}{\frac{4}{3}\lambda_1 + \frac{2}{3}\lambda_2} = +4,00 \frac{\frac{4}{3}}{\frac{4}{3} + \frac{2}{3} \cdot 0,80} = +2,86\,[\mathrm{tm}],$$

$$M'_{2b} = -4,00 \frac{\frac{2}{3}\lambda_2}{\frac{4}{3}\lambda_1 + \frac{2}{3}\lambda_2} = -4,00 \frac{\frac{2}{3} \cdot 0,80}{\frac{4}{3} + \frac{2}{3} \cdot 0,80} = -1,14\,[\mathrm{tm}],$$

$$M_1' = -\frac{M_{2a}'}{2} = -1,43\,[\mathrm{tm}].$$

Die gewünschte Momentenverteilung erhalten wir schließlich durch Übereinanderlegen der Abb. 44c mit Abb. 44b:

$$M_1 = -4,00 - 1,43 = -5,43\ [\mathrm{tm}],$$
$$M_2 = -4,00 + 2,86 = -1,14\ [\mathrm{tm}],$$
$$M_3 = M_2; \quad M_4 = M_1.$$

Beispiel 18

Dreifeldbalken mit entgegengesetzt spiegelbildlicher Belastung (Abb. 45). Die Berechnung erfolgt auf die gleiche Weise wie im vorhergehenden Beispiel. Die Einspannmomente errechnen sich hier mit:

$$M^e_{2b} = -5,00\left(\frac{1,0 \cdot 4,0^2}{5,0^2} - \frac{4,0 \cdot 1,0^2}{5,0^2}\right) = -2,40\,[\mathrm{tm}],$$

$$M^e_{3a} = +2,40\ [\mathrm{tm}].$$

Die Gegenrestmomente $M^G = 2,40\ tm$ liefern eine Momentenverteilung nach Beispiel 16 (Abb. 45b). Es ist

$$M'_{2b} = +2,40 \frac{2\lambda_2}{\frac{4}{3}\lambda_1 + 2\lambda_2} = 2,40 \frac{2 \cdot 0,80}{\frac{4}{3} + 2 \cdot 0,80} = +1,31\,[\mathrm{tm}],$$

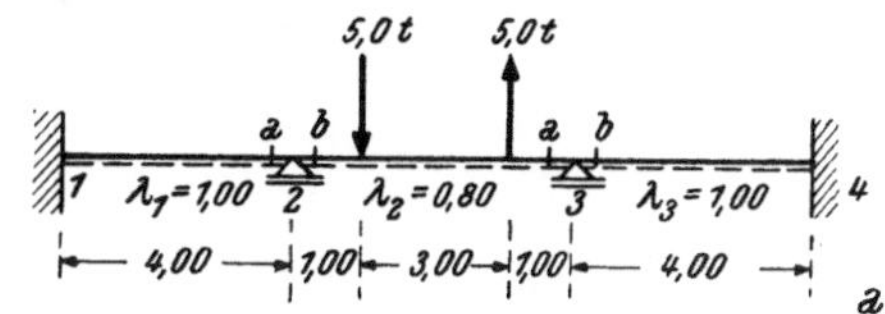

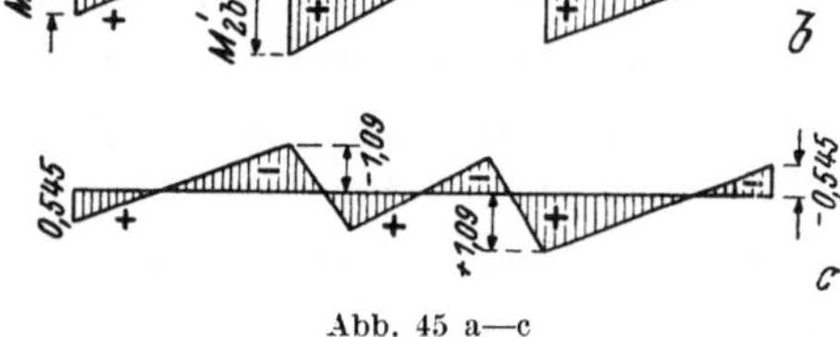

Abb. 45 a—c

$$M'_{2a} = -2,40 \frac{\frac{4}{3}\lambda_1}{\frac{4}{3}\lambda_1 + 2\lambda_2} = -2,40 \frac{\frac{4}{3} \cdot 1,00}{\frac{4}{3} + 2 \cdot 0,80} = -1.09\,[\mathrm{tm}].$$

Endlich bestimmen sich die Stützmomente mit

$$M_2 = -2,40 + 1,31 = -1,09\ [\mathrm{tm}],$$
$$M_1 = -\frac{M_2}{2} = +0,545\ [\mathrm{tm}],$$
$$M_3 = -M_2 = +1,09\ [\mathrm{tm}],$$
$$M_4 = -M_1 = -0,545\ [\mathrm{tm}].$$

IV. Verwendung von Tafeln zur Rahmenberechnung

A. Durchlaufträger

1. Allgemeine Bezeichnungen

$\lambda_n = \frac{J_n\, l_0}{J_0\, l_n}$ ist die Steifigkeitszahl in Feld n, wobei l_0 und J_0 beliebig gewählte Vergleichswerte sind.

$\overleftarrow{\lambda}_n = \overleftarrow{\alpha}_n\, \lambda_n$ und $\overrightarrow{\lambda}_n = \overrightarrow{\alpha}_n\, \lambda_n$ bedeuten die beiden, voneinander verschiedenen Ersatzsteifigkeiten im Felde n. Der Wert α schwankt zwischen 1,00 und 1,333.

Diese Ersatzsteifigkeitszahlen geben uns, wie der Name ausdrückt, gedachte Steifigkeiten an, welche sich als vorteilhaft für die Durchführung der Berech-

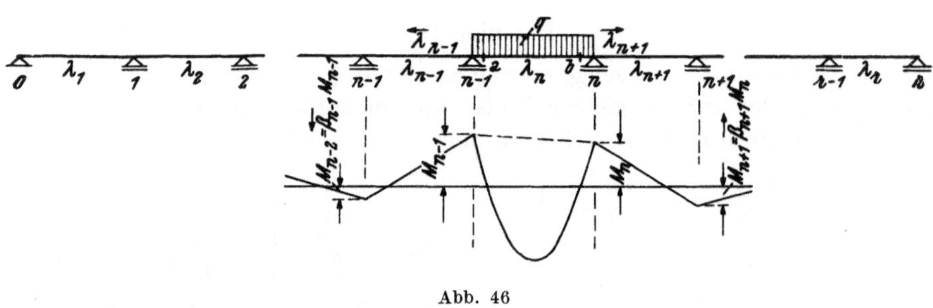

Abb. 46

nung erweisen. Ihre Bedeutung ersehen wir aus Abb. 46, die uns einen Vielfeldträger zeigt, welcher nur in einem einzigen Feld n belastet ist. Hier ist es nun für die im Felde n entstehenden Momente gleichgültig, ob links vom Auflager n—1 ein Durchlaufträger O bis (n—1) mit den Steifigkeiten λ_1 bis λ_{n-1} anschließt oder ob nur ein einziges Feld mit der Ersatzsteifigkeit $\overleftarrow{\lambda}_{n-1}$ (welche ebenso bestimmt wird, daß der Durchlaufträger dadurch ersetzt wird) vorhanden ist. Desgleichen ersetzt ein Träger rechts von n mit der Steifigkeit $\overrightarrow{\lambda}_{n+1}$ in der Wirkung den Durchlaufträger n bis r. Die Bestimmung der Werte $\overleftarrow{\alpha}$ und $\overrightarrow{\alpha}$ wird unter 2. gezeigt.

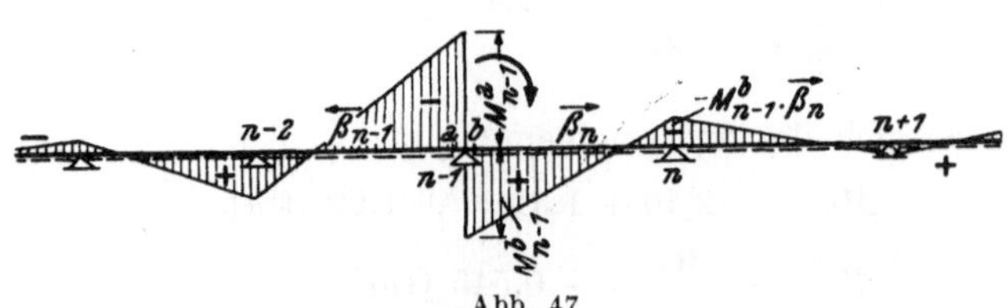

Abb. 47

$\overleftarrow{\beta}_n$ und $\overrightarrow{\beta}_n$ sind die beiden voneinander verschiedenen Fortpflanzungszahlen im Feld n. Sie dienen zur Bestimmung der Momente in einem Durchlaufträger, der mit einem äußeren Moment über einer Stütze belastet ist, wie dies Abb. 47 zeigt. Es ist dann:

$$M_n = -\overrightarrow{\beta_n} M_{n-1}^b \text{ usw. bzw. } M_{n-2} = -\overleftarrow{\beta_{n-1}} \cdot M_{n-1}^a \text{ usw.}$$

2. Ermittlung der $\overleftarrow{\lambda}$-, $\overrightarrow{\lambda}$-, $\overleftarrow{\beta}$-, $\overrightarrow{\beta}$-Werte mit Hilfe der Tafeln 11

Die $\overleftarrow{\lambda_n}$- und $\overleftarrow{\beta_n}$-Werte werden vom *linken* Ende des Durchlaufträgers aus beginnend, die $\overrightarrow{\lambda_n}$- und $\overrightarrow{\beta_n}$-Werte vom *rechten* Ende aus beginnend bestimmt.

a) Bestimmung der $\overleftarrow{\lambda}$- und $\overleftarrow{\beta}$-Werte.

Bei freier Auflagerung am Ende 0 folgt:

im Feld 1: $\overleftarrow{\alpha_1} = 1{,}00$, $\overleftarrow{\beta_1} = 0$, daher $\overleftarrow{\lambda_1} = \lambda_1$;

im Feld 2: Man ermittelt zuerst das Verhältnis $m = \frac{\lambda_2}{\overleftarrow{\lambda_1}} = \frac{\lambda_2}{\lambda_1}$ und erhält damit aus Tafel 11 die Werte $\overleftarrow{\alpha_2}$ und $\overleftarrow{\beta_2}$, und daraus $\overleftarrow{\lambda_2} = \overleftarrow{\alpha_2} \lambda_2$;

im Feld 3: aus $m = \frac{\lambda_3}{\overleftarrow{\lambda_2}}$ folgt wieder aus Tafel 11 $\overleftarrow{\alpha_3}$, $\overleftarrow{\beta_3}$ usw.

Bei voller Einspannung im Punkt 0.

Im Feld 1: Die volle Einspannung kann man sich durch ein Feld mit $\lambda_0 = \infty$ ersetzt denken. Dann folgten mit dem Verhältnis $\frac{\lambda_1}{\lambda_0} = 0$ aus der Tafel die Werte $\overleftarrow{\alpha_1} = 1{,}333$ und $\overleftarrow{\beta_1} = 0{,}500$, also $\overleftarrow{\lambda_1} = 1{,}333\,\lambda_1$.

Im Feld 2: Die $\overleftarrow{\alpha_2}$-, $\overleftarrow{\beta_2}$-Werte werden wie vor ermittelt, nur mit dem Unterschied, daß statt λ_1 nunmehr $\overleftarrow{\lambda_1} = 1{,}333\ \lambda_1$ zu verwenden ist.

Bei teilweiser Einspannung am Ende ist für $\overleftarrow{\lambda_1}$ der entsprechende Wert einzusetzen.

b) Bestimmung der $\overrightarrow{\lambda}$- und $\overrightarrow{\beta}$-Werte.

Sie geschieht auf die gleiche Weise wie unter a), nur daß vom rechten Trägerende ausgegangen wird. So folgt im Falle der freien Auflagerung am rechten Ende $\overrightarrow{\lambda_r} = 1{,}00\,\lambda_r$ $\overrightarrow{\beta_r} = 0$ woraus man dann im Felde $(r-1)$ erhält:

$$m = \frac{\lambda_{r-1}}{\overrightarrow{\lambda_r}} \text{ und damit aus Tafel 11: } \overrightarrow{\alpha_{r-1}},\ \overrightarrow{\beta_{r-1}} \text{ und } \overrightarrow{\lambda_{r-1}} = \overrightarrow{\alpha_{r-1}}\,\lambda_{r-1}$$

usw. Über vereinfachte Berechnung von α und β siehe Beispiel 9.

3. Durchlaufträger mit Gleichlast über einem einzigen Feld (Abb. 46)

In diesem Fall sind die entstehenden Stützmomente M_n und M_{n-1} nur von den Verhältnissen

$$m_1 = \frac{\lambda_n}{\overleftarrow{\lambda_{n-1}}} \quad \text{und} \quad m_2 = \frac{\lambda_n}{\overrightarrow{\lambda_{n+1}}}$$

abhängig. Man erhält:

$$\begin{aligned} M_{n-1} &= M_a = -\varphi_a \cdot q \cdot l_n^2, \\ M_n &= M_b = -\varphi_b \cdot q \cdot l_n^2, \end{aligned} \tag{73}$$

wobei die φ-Werte aus Tafel 12 zu entnehmen sind. Sobald M_{n-1} und M_n bekannt sind, wird die weitere Momentenverteilung mittels der β-Werte gefunden. Es gilt rechts vom Feld n:

$$\begin{aligned} M_{n+1} &= -M_n \cdot \overrightarrow{\beta_{n+1}}, \\ M_{n+2} &= -M_{n+1}\overrightarrow{\beta_{n+2}} \text{ usw.} \end{aligned} \tag{74}$$

Desgleichen folgt die Momentenverteilung links vom n-ten Feld mit:

$$\begin{aligned} M_{n-2} &= -M_{n-1}\overleftarrow{\beta_{n-1}}, \\ M_{n-3} &= -M_{n-2}\overleftarrow{\beta_{n-2}} \text{ usw.} \end{aligned} \tag{75}$$

Beispiel 19

Durchlaufträger nach Abb. 48, mit $q = 2{,}0\ t/m$ im Feld III belastet.

Gang der Berechnung:

1. Bestimmung der λ-Werte: $J_0 = J_1$, $l_0 = l_1 = 3{,}00$ gewählt

$$\lambda_1 = 1{,}00; \quad \lambda_2 = \frac{3{,}00}{3{,}50} = 0{,}857; \quad \lambda_3 = \frac{3{,}0 \cdot 3{,}0}{1{,}0 \cdot 4{,}0} = 2{,}25; \quad \lambda_4 = \frac{1{,}0 \cdot 3{,}0}{2{,}0 \cdot 2{,}0} = 0{,}75;$$

$$\lambda_5 = 1{,}00.$$

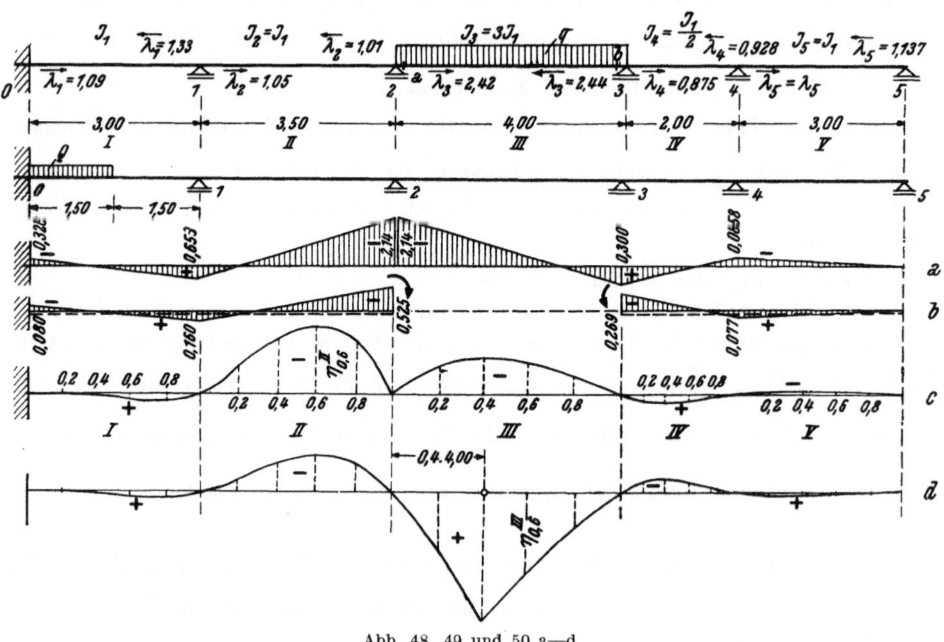

Abb. 48, 49 und 50 a—d

2. Bestimmung der α-, β- und $\overline{\lambda}$-Werte mit Hilfe der Tafel 11. Man erhält von links beginnend:

$$\text{Aus } \overleftarrow{m_1} = \frac{\lambda_1}{\infty} = 0 \;.\;.\; \overleftarrow{\alpha_1} = 1{,}333 \;.\;.\; \overleftarrow{\overline{\lambda}_1} = 1{,}333 \cdot 1{,}0 = 1{,}333$$

$$\overleftarrow{\beta_1} = 0{,}500$$

$$\text{Aus } \overleftarrow{m}_2 = \frac{\lambda_2}{\overleftarrow{\lambda}_1} = \frac{0{,}857}{1{,}333} = 0{,}643 \ .\ .\ \overleftarrow{\alpha}_2 = 1{,}180 \ .\ .\ \overleftarrow{\lambda}_2 = 1{,}180 \cdot 0{,}857 = 1{,}011$$
$$\overleftarrow{\beta}_2 = 0{,}305$$

$$\text{Aus } \overleftarrow{m}_3 = \frac{\lambda_3}{\overleftarrow{\lambda}_2} = \frac{2{,}25}{1{,}011} = 2{,}23 \ .\ .\ \overleftarrow{\alpha}_3 = 1{,}084 \ .\ .\ \overleftarrow{\lambda}_3 = 1{,}084 \cdot 2{,}25 = 2{,}44$$
$$\overleftarrow{\beta}_3 = 0{,}155$$

$$\text{Aus } \overleftarrow{m}_4 = \frac{\lambda_4}{\overleftarrow{\lambda}_3} = \frac{0{,}750}{2{,}44} = 0{,}307 \ .\ .\ \overleftarrow{\alpha}_4 = 1{,}237 \ .\ .\ \overleftarrow{\lambda}_4 = 1{,}237 \cdot 0{,}750 = 0{,}928$$
$$\overleftarrow{\beta}_4 = 0{,}383$$

$$\text{Aus } \overleftarrow{m}_5 = \frac{\lambda_5}{\overleftarrow{\lambda}_4} = \frac{1{,}00}{0{,}928} = 1{,}08 \ .\ .\ \overleftarrow{\alpha}_5 = 1{,}137 \ .\ .\ \overleftarrow{\lambda}_5 = 1{,}137 \cdot 1{,}00 = 1{,}137$$
$$\overleftarrow{\beta}_5 = 0{,}240$$

Von rechts beginnend ergeben sich folgende Werte:

$$\text{Aus } \overrightarrow{m}_4 = \frac{\lambda_4}{\lambda_5} = \frac{0{,}750}{1{,}00} = 0{,}750 \ .\ .\ \overrightarrow{\alpha}_4 = 1{,}167 \ .\ .\ \overrightarrow{\lambda}_4 = 1{,}167 \cdot 0{,}750 = 0{,}875$$
$$\overrightarrow{\beta}_4 = 0{,}286$$

$$\text{Aus } \overrightarrow{m}_3 = \frac{\lambda_3}{\overrightarrow{\lambda}_4} = \frac{2{,}25}{0{,}875} = 2{,}57 \ .\ .\ \overrightarrow{\alpha}_3 = 1{,}076 \ .\ .\ \overrightarrow{\lambda}_3 = 1{,}076 \cdot 2{,}25 = 2{,}42$$
$$\overrightarrow{\beta}_3 = 0{,}140$$

$$\text{Aus } \overrightarrow{m}_2 = \frac{\lambda_2}{\overrightarrow{\lambda}_3} = \frac{0{,}857}{2{,}42} = 0{,}354 \ .\ .\ \overrightarrow{\alpha}_2 = 1{,}227 \ .\ .\ \overrightarrow{\lambda}_2 = 1{,}227 \cdot 0{,}857 = 1{,}05$$
$$\overrightarrow{\beta}_2 = 0{,}369$$

Es wurden hier sofort sämtliche α- und β-Werte ermittelt, wenngleich nicht alle Werte für diesen Lastfall erforderlich sind.

3. Aus den Verhältnissen

$$m_1 = \frac{\lambda_3}{\overleftarrow{\lambda}_2} = \frac{2{,}25}{1{,}011} = 2{,}22; \qquad m_2 = \frac{\lambda_3}{\overrightarrow{\lambda}_4} = \frac{2{,}25}{0{,}875} = 2{,}57$$

erhalten wir aus Tafel 12

$$\varphi_a = 0{,}034; \ \varphi_b = 0{,}030$$

und mit $q = 2{,}0\,t/m$

$$M_a^{(\mathrm{III})} = M_2 = -0{,}034 \cdot q\, l_3^2 = -0{,}034 \cdot 2{,}0 \cdot 4{,}00^2 = -1{,}09 \text{ [tm]}$$
$$M_b^{(\mathrm{III})} = M_3 = -0{,}030 \cdot q\, l_3^2 = -0{,}030 \cdot 2{,}0 \cdot 4{,}00^2 = -0.96 \text{ [tm]}\cdot$$

Die weitere Momentenverteilung erfolgt mit Hilfe der β-Werte:

nach links:
$$M_1 = -M_2 \cdot \overleftarrow{\beta}_2 = +1{,}09 \cdot 0{,}305 = +0{,}33 \text{ [tm]}$$
$$M_0 = -M_1 \cdot \overleftarrow{\beta}_1 = -0{,}33 \cdot 0{,}50 = -0{,}17 \text{ [tm]}$$

nach rechts:
$$M_4 = -0{,}286 \cdot M_3 = +0{,}286 \cdot 0{,}96 = +0{,}28 \text{ [tm]}$$

Ist anstatt der Gleichlast eine Einzellast vorhanden, dann bleibt die ganze Berechnung aufrecht, nur sind an Stelle der Tafel 12 die Tafeln 14—22 anzuwenden.

4. Durchlaufträger mit beliebiger Belastung in einem Feld

In einem solchen Belastungsfall betrachten wir zuerst das belastete Feld als beiderseits voll eingespannt und ermitteln die dabei auftretenden Einspannmomente M_a^e und M_b^e. Die Stützmomente ergeben sich dann nach Gl. (53) mit:

$$\begin{aligned} M_a &= \frac{1}{4(1+m_1)(1+m_2)-1}\left[(4m_2+3)M_a^e + 2m_2 M_b^e\right],\\ M_b &= \frac{1}{4(1+m_1)(1+m_2)-1}\left[(4m_1+3)M_b^e + 2m_1 M_a^e\right]. \end{aligned} \tag{76}$$

Darin bedeutet

$$m_1 = \frac{\lambda_n}{\overleftarrow{\lambda}_{n-1}},$$

$$m_2 = \frac{\lambda_n}{\overrightarrow{\lambda}_{n+1}}.$$

Bei einseitig freier Auflagerung links, also $m_1 = \infty$, gehen die Gl. (76) über in:

$$M_a = 0; \quad M_b = \frac{4}{4(1+m_2)}\left[M_b^e + \frac{M_a^e}{2}\right] = \frac{1}{1+m_2} M_b^{e'} \tag{76a}$$

und entsprechend bei freier Auflagerung rechts:

$$M_b = 0; \quad M_a = \frac{1}{1+m_1} M_a^{e'} \tag{76b}$$

wobei $M^{e'}$ die Einspannmomente am einseitig voll eingespannten Träger bedeuten.

Sonderfälle: a) Wenn die Belastung spiegelgleich ist, also $M_a^e = M_b^e$, können die Stützmomente errechnet werden mit

$$\begin{aligned} M_a &= 12\,\varphi_a M_a^e,\\ M_b &= 12\,\varphi_b M_b^e, \end{aligned} \tag{76c}$$

wobei die Werte φ_a und φ_b aus der Tafel 12 zu entnehmen sind.

b) Ist die Belastung entgegengesetzt spiegelgleich, also $M_a^e = -M_b^e$, dann erhält man unter Benützung der Tafel 13

$$\begin{aligned} M_a &= \psi_a M_a^e,\\ M_b &= \psi_b M_b^e. \end{aligned} \tag{77}$$

Beispiel 20

Der Durchlaufträger des Beispieles 20 sei nach Abb. 49 belastet. Wir bestimmen zuerst die Einspannmomente, wenn das Feld 1 beiderseits voll eingespannt wäre und erhalten aus Tafel 3

$$M_a^e = -0{,}1146\,Ql_1,$$

$$M_b^e = -0{,}0521\,Ql_1.$$

Mit den Werten:

$$m_1 = \frac{1{,}00}{\infty} = 0 \text{ und } m_2 = \frac{\lambda_1}{\overrightarrow{\lambda}_2} = \frac{1{,}00}{1{,}05} = 0{,}952$$

erhält man

$$M_a = \frac{-1}{4\cdot(1+0{,}952)-1}\{(4\cdot0{,}952+3)0{,}1146+2\cdot0{,}952\cdot0{,}0521\}Q\cdot l_1 = -0{,}129\,Q\cdot l_1,$$

$$M_b = \frac{-1}{4\cdot(1+0{,}952)-1}\{3\cdot0{,}0521+0\}\,Ql_1 = -0{,}0229\,Ql_1.$$

Weiters folgt

$$M_2 = -M_b\cdot\overrightarrow{\beta_2} = +0{,}0229.\;Q\cdot l_1\cdot0{,}369 = -0{,}0084\,Ql_1 \text{ usw.}$$

Im Falle das letzte Feld 5 belastet ist, sind zur Bestimmung der M_a- und M_b-Werte die Verhältnisse

$$m_1 = \frac{\lambda_5}{\overleftarrow{\lambda_4}} \text{ und } m_2 = \frac{\lambda_5}{0} = \infty$$

maßgebend, wenn die Tafeln verwendet werden oder die Berechnung erfolgt nach Gl. (76 b).

5. Einflußlinie für ein Feldmoment

Die Einflußlinie für ein Feldmoment im Punkt C eines Durchlaufträgers zeigt zwei grundsätzlich voneinander verschiedene Teilformen (Abb. 51). Die

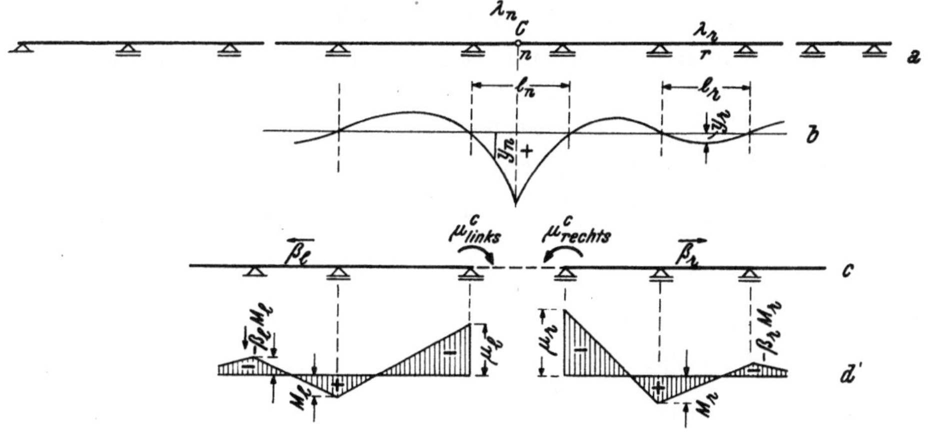

Abb. 51 a—d

eine tritt in jenem Felde auf, in welchem der Punkt C liegt, während die zweite Form in allen übrigen Feldern aufscheint.

Die Ordinaten für die erste Form folgen unmittelbar aus den Tafeln 2[illegible]—51 in der Form

$$y = \eta\cdot l_n.$$

Die Ordinaten der Einflußlinien in den Anschlußfeldern erhalten wir auf folgende Weise: Zuerst sind die „Anschlußmomente" μ^c_{links} und μ^c_{rechts} aus den Tafeln zu ermitteln. Sie wirken in dem in Abb. 51 c eingezeichneten Sinn positiv. Dann werden diese „Anschlußmomente" als äußere Momentenbelastung an den beiden Durchlaufträgern der Abb. 51 c angebracht und die dadurch entstehenden Momente bestimmt (Abb. 51 d). Die Ordinaten der Einflußlinie in einem beliebigen Feld r rechts vom Hauptfeld ergeben sich daraus mit

$$y_r = \zeta\left(M_r \frac{\lambda_n}{\lambda_r}\right) l_r,$$

und in einem Feld l links vom Hauptfeld mit (78)

$$y_l = \zeta'\left(M_l \frac{\lambda_n}{\lambda_l}\right) l_l,$$

worin ζ und ζ', nur vom jeweiligen $\overrightarrow{\beta_r}$ bzw. $\overleftarrow{\beta_l}$ abhängen und in den Tafeln 9 enthalten sind

Beispiel 21

Die Einflußlinie für das Feldmoment im Punkt 0,4 des Feldes *III* des Durchlaufträgers nach Beispiel 20 ist zu ermitteln.

Im Feld *III* erhalten wir die Ordinaten der Einflußlinie unter Benützung der Tafeln 36—44:

$$m_1 = \frac{2{,}25}{1{,}011} = 2{,}22 \quad \text{und} \quad m_2 = \frac{2{,}25}{0{,}875} = 2{,}57,$$

$$y_2 = 0{,}086 \cdot 4{,}00 = 0{,}344 \text{ [m]},$$
$$y_4 = 0{,}192 \cdot 4{,}00 = 0{,}768 \text{ [m]},$$
$$y_6 = 0{,}114 \cdot 4{,}00 = 0{,}456 \text{ [m]},$$
$$y_8 = 0{,}050 \cdot 4{,}00 = 0{,}200 \text{ [m]}.$$

Um die Einflußlinie in den andern Feldern berechnen zu können, benötigt man die Anschlußmomente aus den Tafeln 45 und 46

$$\mu_{\text{links}}^{0,4} = 0{,}525 \text{ und } \mu_{\text{rechts}}^{0,4} = 0{,}270,$$

Nun ermitteln wir die dadurch hervorgerufene Momentenverteilung (Abb. 50b)

$$M_4 = \mu_{\text{rechts}}^{0,4} \cdot \overrightarrow{\beta_4} = + 0{,}270 \cdot 0{,}286 = + 0{,}077,$$
$$M_1 = \mu_{\text{links}}^{0,4} \cdot \overleftarrow{\beta_2} = + 0{,}525 \cdot 0{,}305 = + 0{,}160,$$
$$M_0 = - M_2 \cdot \overleftarrow{\beta_1} = - 0{,}160 \cdot 0{,}500 = - 0{,}080.$$

Damit folgen die Ordinaten der Einflußlinie nach Gl. (78)

Feld *I*: Mit $\overleftarrow{\beta_1} = 0{,}500$ und ζ' (aus Tafel 9):

$$y_2 = + 0{,}0080 \cdot \left(0{,}160 \frac{2{,}25}{1{,}00}\right) 3{,}00 = + 0{,}0086 \text{ [m]},$$
$$y_4 = + 0{,}0240 \cdot \left(0{,}160 \frac{2{,}25}{1{,}00}\right) 3{,}00 = + 0{,}0259 \text{ [m]},$$
$$y_6 = + 0{,}0360 \cdot \left(0{,}160 \frac{2{,}25}{1{,}00}\right) 3{,}00 = + 0{,}0388 \text{ [m]},$$
$$y_8 = + 0{,}0320 \cdot \left(0{,}160 \frac{2{,}25}{1{,}00}\right) 3{,}00 = + 0{,}0345 \text{ [m]};$$

Feld *II*: Mit $\overleftarrow{\beta_2} = 0{,}305$ und ζ':

$$y_2 = - 0{,}0173 \cdot \left(0{,}525 \frac{2{,}25}{0{,}857}\right) 3{,}50 = - 0{,}083 \text{ [m]},$$
$$y_4 = - 0{,}0365 \cdot \left(0{,}525 \frac{2{,}25}{0{,}857}\right) 3{,}50 = - 0{,}176 \text{ [m]},$$

$$y_6 = -\,0{,}0469 \cdot \left(0{,}525\,\frac{2{,}25}{0{,}857}\right) 3{,}50 = -\,0{,}226 \text{ [m]},$$

$$y_8 = -\,0{,}0383 \cdot \left(0{,}525\,\frac{2{,}25}{0{,}857}\right) 3{,}50 = -\,0{,}184 \text{ [m]};$$

Feld *IV*: Mit $\overrightarrow{\beta_4} = 0{,}286$ und ζ:

$$y_2 = -\,0{,}0388 \cdot \left(0{,}270\,\frac{2{,}25}{0{,}75}\right) 2{,}00 = -\,0{,}0625 \text{ [m]},$$

$$y_4 = -\,0{,}0481 \cdot \left(0{,}270\,\frac{2{,}25}{0{,}75}\right) 2{,}00 = -\,0{,}0775 \text{ [m]},$$

$$y_6 = -\,0{,}0377 \cdot \left(0{,}270\,\frac{2{,}25}{0{,}75}\right) 2{,}00 = -\,0{,}0607 \text{ [m]},$$

$$y_8 = -\,0{,}0183 \cdot \left(0{,}270\,\frac{2{,}25}{0{,}75}\right) 2{,}00 = -\,0{,}0295 \text{ [m]};$$

Feld *V*: Mit $\overrightarrow{\beta_5} = 0$ und ζ:

$$y_2 = +\,0{,}0480 \cdot \left(0{,}077\,\frac{2{,}25}{1{,}00}\right) 3{,}00 = +\,0{,}0250 \text{ [m]},$$

$$y_4 = +\,0{,}0640 \cdot \left(0{,}077\,\frac{2{,}25}{1{,}00}\right) 3{,}00 = +\,0{,}0333 \text{ [m]},$$

$$y_6 = +\,0{,}0560 \cdot \left(0{,}077\,\frac{2{,}25}{1{,}00}\right) 3{,}00 = +\,0{,}0291 \text{ [m]},$$

$$y_8 = +\,0{,}0320 \cdot \left(0{,}077\,\frac{2{,}25}{1{,}00}\right) 3{,}00 = +\,0{,}0166 \text{ [m]};$$

6. Einflußlinie für ein Stützmoment

Die Einflußlinie für ein Stützmoment kann auf zwei verschiedene Arten erhalten werden:

a) Mit Hilfe der Tafeln 14—24.

Der Weg ist derselbe wie unter 5. beschrieben. Der Unterschied liegt nur darin, daß hier das „Hauptfeld" nicht eindeutig gegeben ist. Man kann bei einem Durchlaufträger nach Abb. 50, wenn in 2 die E. L. bestimmt werden soll, entweder das Feld *III* als Hauptfeld ansehen und erhält dann aus den Tafeln 14—22 die Ordinaten im Feld *III* mit

$$y_{III} = \eta^{0}_{1-9} \cdot l_{III}$$

und die zugehörigen Anschlußmomente μ^{0}_{links} und μ^{0}_{rechts}, welche in den Punkten 2 bzw. 3 anzubringen sind, woraus, wie im Beispiel 21, die Ordinaten der übrigen Felder bestimmt werden können, oder es kann das Feld *II* als Hauptfeld angesehen werden, in welchem Fall man die Ordinaten erhält mit

$$y_{II} = \eta^{1,0}_{1-9} \cdot l_{II}$$

und die zugehörigen Anschlußmomente $\mu^{1,0}_{\text{links}}$ und $\mu^{1,0}_{\text{rechts}}$, welche in den Punkten 1 bzw. 2 angebracht werden müssen, um daraus die Ordinaten der Nachbarfelder zu finden.

b) Mit Hilfe der Gl. (55).

Man bringt knapp neben der Stütze ein Gelenk an (Abb. 52) und läßt dort zwei gleich große aber entgegengesetzt gerichtete Momente von der Größe (vgl. Gl. [55])

$$M = 3 \frac{\overrightarrow{\lambda_n}\,\overleftarrow{\lambda_{n-1}}}{\overrightarrow{\lambda_n} + \overleftarrow{\lambda_{n-1}}} \tag{79}$$

angreifen. Dann bestimmt man die dadurch hervorgerufene Momentenverteilung

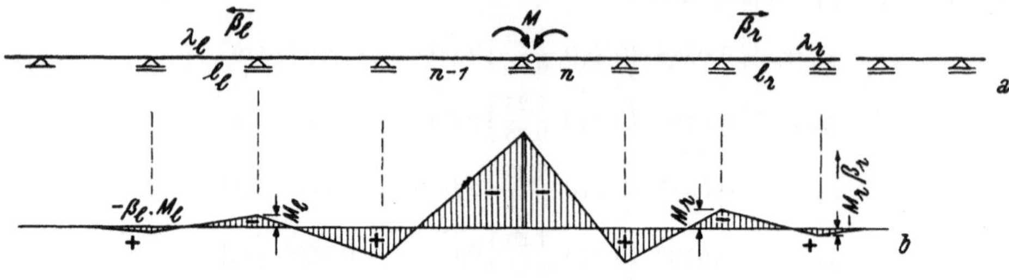

Abb. 52 a—b

(Abb. 50 a). Sobald diese bekannt ist, erhält man die Ordinaten der Einflußlinie im Feld r in der Form:

$$y_r = \zeta \left(\frac{M_r}{\lambda_r}\right) \cdot l_r, \text{ bzw. } y_l = \zeta' \left(\frac{M_l}{\lambda_l}\right) \cdot l_l, \tag{80}$$

wobei ζ und ζ' nach Tafel 9 für den jeweiligen β-Wert zu bestimmen ist. Liegt das Feld links vom Feld n, dann ist der Wert ζ' zu verwenden, liegt es aber rechts davon, dann benötigt man den Wert ζ.

Beispiel 22

Die Einflußlinie für das Stützmoment im Punkt 2 des Durchlaufträgers nach Beispiel 20 ist zu bestimmen. Nach Gl. (79) erhält man

$$M = 3 \frac{2{,}42 \cdot 1{,}011}{2{,}42 + 1{,}011} = 2{,}14.$$

Mit diesem Wert folgt die Momentenverteilung nach Abb. 50a mit

$$M_3' = + M \cdot \overrightarrow{\beta_3} = + 2{,}14 \cdot 0{,}140 = + 0{,}300,$$

$$M_4' = - M_3' \cdot \overrightarrow{\beta_4} = - 0{,}300 \cdot 0{,}286 = - 0{,}0858,$$

$$M_1' = + M \cdot \overleftarrow{\beta_2} = + 2{,}14 \cdot 0{,}305 = + 0{,}653,$$

$$M_0' = - M_1' \cdot \overleftarrow{\beta_1} = - 0{,}653 \cdot 0{,}500 = - 0{,}326.$$

Jetzt können wir bereits feldweise die Ordinaten der Einflußlinie nach Gl. (80) unter Benützung von Tafel 9 anschreiben:

Feld I:

$$M_l = 0{,}653;\ \lambda_l = 1{,}00;\ l_l = 3{,}00;\ \overleftarrow{\beta_l} = 0{,}500;$$

$$y^I_{0,2} = + 0{,}0080 \left(\frac{0{,}653}{1{,}00}\right) 3{,}00 = + 0{,}0156 \text{ [m]},$$

$$y^I_{0,4} = + 0{,}0240 \left(\frac{0{,}653}{1{,}00}\right) 3{,}00 = + 0{,}0470 \text{ [m]},$$

$$y^I_{0,6} = + 0{,}0360 \left(\frac{0{,}653}{1{,}00}\right) 3{,}00 = + 0{,}0705 \text{ [m]}$$

$$y_{0,8}^{I} = +\,0{,}0320\left(\frac{0{,}653}{1{,}00}\right)3{,}00 = +\,0{,}0625\ [\mathrm{m}];$$

Feld *II*:

$$M_l = -2{,}14;\ \lambda_l = 0{,}857;\ l_l = 3{,}50;\ \overleftarrow{\beta_l} = 0{,}305;$$

$$y_{0,2}^{II} = -\,0{,}0173\left(\frac{2{,}14}{0{,}857}\right)3{,}50 = -\,0{,}151\ [\mathrm{m}],$$

$$y_{0,4}^{II} = -\,0{,}0365\left(\frac{2{,}14}{0{,}857}\right)3{,}50 = -\,0{,}319\ [\mathrm{m}],$$

$$y_{0,6}^{II} = -\,0{,}0469\left(\frac{2{,}14}{0{,}857}\right)3{,}50 = -\,0{,}410\ [\mathrm{m}],$$

$$y_{0,8}^{II} = -\,0{,}0383\left(\frac{2{,}14}{0{,}857}\right)3{,}50 = -\,0{,}335\ [\mathrm{m}];$$

Feld *III*:

$$M_r = -2{,}14;\ \lambda_r = 2{,}25;\ l_r = 4{,}00;\ \overrightarrow{\beta_r} = 0{,}140;$$

$$y_{0,2}^{III} = -\,0{,}0435\left(\frac{2{,}14}{2{,}25}\right)4{,}00 = -\,0{,}166\ [\mathrm{m}],$$

$$y_{0,4}^{III} = -\,0{,}0562\left(\frac{2{,}14}{2{,}25}\right)4{,}00 = -\,0{,}214\ [\mathrm{m}],$$

$$y_{0,6}^{III} = -\,0{,}0470\left(\frac{2{,}14}{2{,}25}\right)4{,}00 = -\,0{,}179\ [\mathrm{m}],$$

$$y_{0,8}^{III} = -\,0{,}0253\left(\frac{2{,}14}{2{,}25}\right)4{,}00 = -\,0{,}096\ [\mathrm{m}];$$

Feld *IV*:

$$M_r = +\,0{,}300;\ \lambda_r = 0{,}75;\ l_r = 2{,}00;\ \overrightarrow{\beta_r} = 0{,}286;$$

$$y_{0,2}^{IV} = +\,0{,}0388\left(\frac{0{,}300}{0{,}75}\right)2{,}00 = +\,0{,}0310\ [\mathrm{m}],$$

$$y_{0,4}^{IV} = +\,0{,}0481\left(\frac{0{,}300}{0{,}75}\right)2{,}00 = +\,0{,}0385\ [\mathrm{m}],$$

$$y_{0,6}^{IV} = +\,0{,}0377\left(\frac{0{,}300}{0{,}75}\right)2{,}00 = +\,0{,}0302\ [\mathrm{m}],$$

$$y_{0,8}^{IV} = +\,0{,}0183\left(\frac{0{,}300}{0{,}75}\right)2{,}00 = +\,0{,}0146\ [\mathrm{m}];$$

Feld *V*:

$$M_r = -0{,}0858;\ \lambda_r = 1{,}00;\ l_r = 3{,}00;\ \overrightarrow{\beta_r} = 0;$$

$$y_{0,2}^{V} = -0{,}0480\left(\frac{0{,}0858}{1{,}00}\right)3{,}00 = -0{,}0123\ [\mathrm{m}],$$

$$y_{0,4}^{V} = -0{,}0640\left(\frac{0{,}0858}{1{,}00}\right)3{,}00 = -0{,}0164\ [\mathrm{m}],$$

$$y_{0,6}^{V} = -0{,}0560\left(\frac{0{,}0858}{1{,}00}\right)3{,}00 = -0{,}0144\ [\mathrm{m}],$$

$$y_{0,8}^{V} = -0{,}0320\left(\frac{0{,}0858}{1{,}00}\right)3{,}00 = -0{,}0082\ [\mathrm{m}].$$

7. Einflußlinie einer Querkraft

Zuerst wollen wir die Einflußlinie einer Querkraft in einem Punkt knapp neben einer Stütze betrachten (Punkt *a* oder *b* der Abb. 53a). Ähnlich wie bei der Einflußlinie für ein Feldmoment unterscheiden wir auch hier zwei verschiedene Teilformen.

Für den Teil der Einflußlinie im Feld n erhalten wir die Ordinaten unmittelbar aus den Tafeln 53—54.

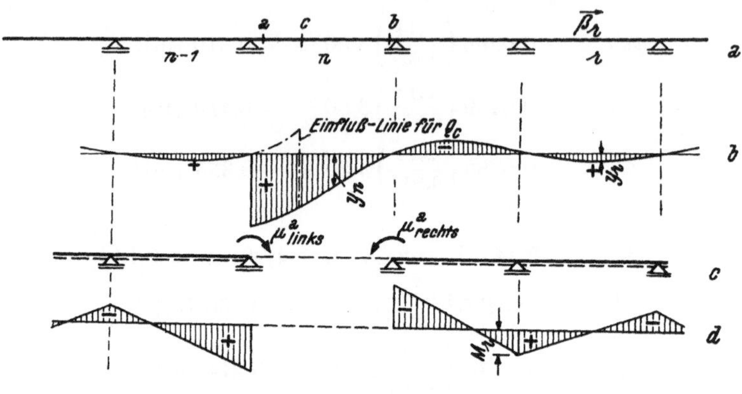

Abb. 53 a—b

Um für die übrigen Felder die Einflußlinie bestimmen zu können, müssen wir genau wie unter 6. zuerst die beiden Anschlußmomente aus der Tafel 55 feststellen, dann die dadurch hervorgerufene Momentenverteilung ermitteln (Abb. 53d), und erhalten endlich die Ordinaten der Einflußlinie mit: (s. Gl. [62])

$$y_r = \zeta \left(M_r \frac{\lambda_n}{\lambda_r} \right). \tag{80}$$

Die Einflußlinie für die Querkraft in einem beliebigen Punkt läßt sich aus der Einflußlinie für Q_a bzw. Q_b sehr leicht ableiten, wie dies in Abb. 53a dargestellt ist. Man hat hiebei lediglich in einem Teil des Feldes zu den Ordinaten von Q_a bzw. Q_b $\pm$ 1,00 hinzuzufügen.

8. Einflußlinie für ein Auflager

Es ist bei der Stütze n:

$$A_n = Q_n^a - Q_{n-1}^b$$

Demnach ergibt sich auch die Einflußlinie für ein Auflager als Differenz der Einflußlinien Q_n^a und Q_{n-1}^b

B. Rahmenberechnung

Die Berechnung von Rahmen mit unverschieblichen Knoten unterscheidet sich nur unwesentlich von jener der Durchlaufträger, besonders, wenn nur ein Feld als belastet angenommen wird. Wie aus I/D hervorgeht, ist dann an Stelle der Ersatzsteifigkeitszahl des anschließenden Feldes beim Durchlaufträger die Summe der Ersatzsteifigkeiten der angeschlossenen Stäbe beim Rahmen zu verwenden. Die Momentenverteilung in den Knoten erfolgt im Verhältnis der Ersatzsteifigkeitszahlen.

Beispiel 23

Momentenermittlung im Rahmen nach Abb. 54:

$$\lambda_1 = 0{,}4;\ \lambda_2 = 0{,}4;\ \lambda_3 = 1{,}0;\ \lambda_4 = 1{,}25;\ \lambda_5 = \lambda_6 = 0{,}3.$$

Es ist

$$\overline{\lambda}_1' = \frac{4}{3} \cdot 0{,}4 = 0{,}533$$

Mit

$$m_1 = \frac{1}{0{,}3 + 0{,}533} = 1{,}20,$$

$$m_2 = \frac{1{,}0}{0{,}3 + 1{,}25 + 0{,}533} = 0{,}48$$

erhält man aus Tafel 12:

$\varphi_a = 0{,}0407, \quad \varphi_b = 0{,}0711$

und damit $M_a = -0{,}0407\, q\, l^2$,

$M_b = -0{,}0711\, q\, l^2$,

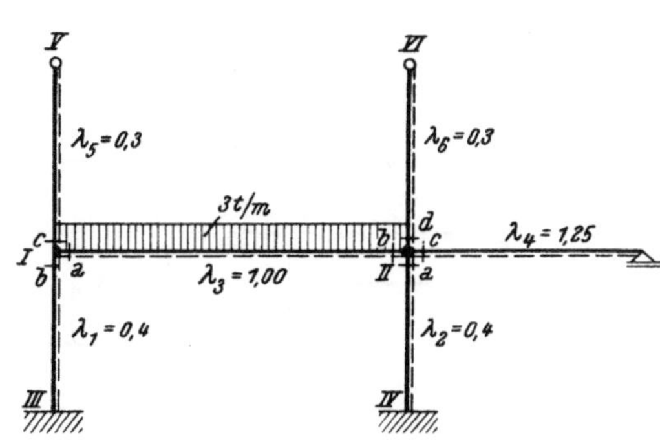

Abb. 54

$$M_I^b = +M_a \frac{\overline{\lambda}_1}{\overline{\lambda}_1 + \lambda_5} = -0{,}0407 \cdot \frac{0{,}533}{0{,}533 + 0{,}30} = -0{,}0261\, q\, l^2,$$

$$M_I^c = -M_a \frac{\lambda_5}{\overline{\lambda}_1 + \lambda_5} = +0{,}0407 \cdot \frac{0{,}30}{0{,}533 + 0{,}30} = +0{,}0146\, q\, l^2,$$

$$M_{III} = -\frac{M_I^b}{2} = +0{,}0130\, q\, l^2$$

$$M_{II}^a = -\frac{M_b \cdot \overline{\lambda}_2}{\overline{\lambda}_2 + \lambda_4 + \lambda_6} = +0{,}0711 \cdot \frac{0{,}533}{0{,}533 + 1{,}25 + 0{,}3}\, q l^2 = +0{,}0182 q l^2,$$

$$M_{II}^c = -0{,}0711 \frac{1{,}25}{0{,}533 + 1{,}25 + 0{,}3} = -0{,}0427\, q\, l^2,$$

$$M_{II}^d = -0{,}0711 \frac{0{,}3}{0{,}533 + 1{,}25 + 0{,}3} = -0{,}0102.$$

$$M_{IV} = -\frac{1}{2} \cdot M_{II}^a = -0{,}0091\, q\, l^2.$$

Beispiel 24

Einflußlinie für das Stützmoment im Punkt A des Rahmens nach Abb. 55:

$$\lambda_1 = 1{,}67;\ \lambda_2 = \lambda_4 = \lambda_6 = \lambda_8 = 20{,}0;\ \lambda_3 = 2{,}50;\ \lambda_5 = 4{,}00;\ \lambda_7 = 10{,}0,$$

Es folgen die Ersatzsteifigkeiten aus

$$\frac{\lambda_2}{\overline{\lambda}_1} = \frac{20}{\frac{4}{3} \cdot 1{,}67} = 9{,}0 \quad \text{mit} \quad \overleftarrow{\lambda_2} = 1{,}026 \cdot 20{,}0 = 20{,}5$$

und aus

$$\frac{\lambda_6}{\overrightarrow{\lambda_8} + \overrightarrow{\lambda_7}} = \frac{20{,}0}{\frac{4}{3} \cdot 20{,}0 + \frac{4}{3} \cdot 10{,}0} = 0{,}500 \quad \text{mit} \quad \overrightarrow{\lambda_6} = 1{,}20 \cdot 20{,}0 = 24{,}0.$$

Damit ist

$$m_1 = \frac{\lambda_4}{\overleftarrow{\lambda_2} + \overleftarrow{\lambda_3}} = \frac{20{,}0}{20{,}5 + \frac{4}{3} \cdot 2{,}50} = 0{,}837,$$

$$m_2 = \frac{\lambda_4}{\overrightarrow{\lambda_6} + \overrightarrow{\lambda_5}} = \frac{20{,}0}{24{,}0 + \frac{4}{3} \cdot 4{,}00} = 0{,}683.$$

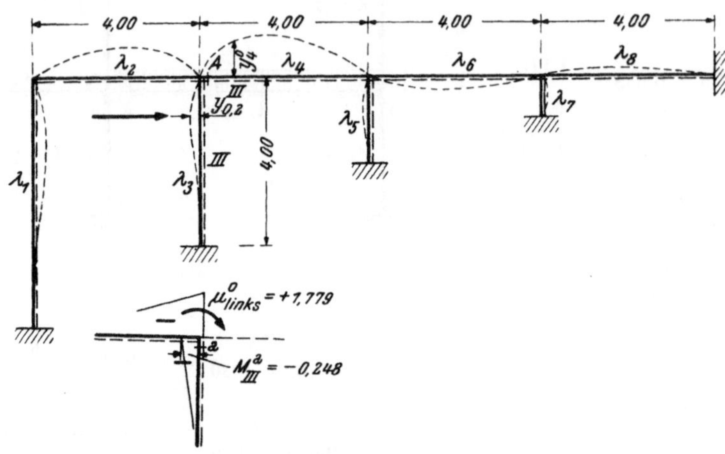

Abb. 55

Mit diesen beiden Werten als Eingänge ergeben sich die Ordinaten der Einflußlinie im Feld 4 unmittelbar aus den Tafeln 14—22. Z. B. lautet die Ordinate im Punkt 4

$$\overset{0}{y_4} = -0{,}0843 \cdot 4{,}00 = -0{,}336\,[\mathrm{m}].$$

Zur Bestimmung der Einflußlinie in den übrigen Feldern benötigt man die „Anschlußmomente" μ der Tafeln 23 und 24

$$\overset{0}{\mu}_{\text{links}} = +1{,}80 \quad \text{und} \quad \overset{0}{\mu}_{\text{rechts}} = -0{,}527,$$

welche in dem in den Tafeln angegebenen Sinn positiv wirken. Mit diesen Momenten müssen die dadurch entstehenden Rahmenmomente bestimmt werden. Um z. B. die Einflußlinie im Feld 3 zu erhalten, benötigt man M^a_{III}, welches sich errechnet mit

$$M^a_{III} = -1{,}80 \, \frac{\frac{4}{3} \cdot 2{,}50}{\frac{4}{3} \cdot 2{,}50 + 20{,}5} = -0{,}248.$$

Dann erhält man mit $\beta_3 = 0{,}50$ nach Gl. (78) und Tafel 9

$$y^{III}_{0,2} = -0{,}0320 \left(0{,}248 \, \frac{20{,}0}{2{,}50}\right) \cdot 4{,}0 = -0{,}254,$$

$$y^{III}_{0,4} = -0{,}0360 \left(0{,}248 \, \frac{20{,}0}{2{,}50}\right) \cdot 4{,}00 = -0{,}285$$

usw. Dabei ist die Richtung der positiven waagrechten Kräfte so anzunehmen, daß im Feld 3 positive Momente entstehen, also wie in Abb. 55 eingetragen.

C. Beziehungen der Tafel-Leitwerte m zum Einspanngrad und zu den Festpunktzahlen. Die Clapeyronsche Gleichung ohne L- und R-Werte

Der Einspanngrad ist nach Saliger gegeben durch die Gl.:

$$\varepsilon_1 = \frac{\Sigma \text{ Steifigkeiten der links angeschlossenen Stäbe}}{\Sigma \text{ Steifigk. d. links angeschl. Stäbe} + \text{Steifigkeit des Hauptstabes}} = \frac{\Sigma \overline{\lambda}}{\Sigma \overline{\lambda} + \lambda n}$$

oder (81)

$$\varepsilon_1 = \frac{1}{1+m_1}, \quad \text{bzw.} \quad \varepsilon_2 = \frac{1}{1+m_2},$$

wobei für m_1 und m_2 Gl. (53a) gelten. Aus Gl. (81) folgt:

$$m_1 = \frac{1}{\varepsilon_1} - 1 \quad \text{und} \quad m_2 = \frac{1}{\varepsilon_2} - 1 \tag{82}$$

Mit Hilfe der Gl. (82) können die Leitwerte m_1 und m_2 zu den Tafeln bei gegebenem ε rasch ermittelt werden.

Ist ein Rahmen in einem einzigen Feld belastet und sind die beiden Einspanngrade ε_1 und ε_2 bekannt, dann ergeben sich die auftretenden Eckmomente entsprechend der Gl. 76 mit

$$\begin{aligned} M_a &= \frac{\varepsilon_1}{4 - \varepsilon_1 \varepsilon_2} \left[(4 - \varepsilon_2) M_a^e + 2 (1 - \varepsilon_2) M_b^e\right], \\ M_b &= \frac{\varepsilon_2}{4 - \varepsilon_1 \varepsilon_2} \left[(4 - \varepsilon_1) M_b^e + 2 (1 - \varepsilon_1) M_a^e\right], \end{aligned} \tag{83}$$

wobei M_a^e und M_b^e die Einspannmomente des beiderseits eingespannten Trägers bedeuten. Bei spiegelbildlicher Belastung geht Gl. 83 über in

$$\begin{aligned} M_a &= \frac{3\, \varepsilon_1}{4 - \varepsilon_1 \varepsilon_2} (2 - \varepsilon_2) M^e, \\ M_b &= \frac{3\, \varepsilon_2}{4 - \varepsilon_1 \varepsilon_2} (2 - \varepsilon_1) M^e. \end{aligned} \tag{84}$$

Bei einseitig freier Auflagerung links, also $\varepsilon_1 = 0$ folgt aus Gl. 83

$$M_a = 0; \qquad M_b = \varepsilon_2 M_b^{e'}$$

oder bei entsprechend freier Auflagerung rechts (85)

$$M_b = 0; \qquad M_a = \varepsilon_1 M_a^{e'},$$

wobei $M_a^{e'}$ und $M_b^{e'}$ die Einspannmomente des einseitig eingespannten Trägers bezeichnen.

Bedeuten α_F und β_F die Festpunktzahlen, dann ist aus Gl. 20 ersichtlich, daß die dort eingeführte Fortpflanzungszahl $\overrightarrow{\beta}$ identisch mit β_F und daher $\overleftarrow{\beta}$ identisch mit α_F ist. Bei gegebenen Festpunktzahlen folgt also aus Gl. 21:

$$\begin{aligned} m_1 &= \frac{1}{2\overleftarrow{\beta}} - 1 = \frac{0{,}5}{\alpha_F} - 1, \\ m_2 &= \frac{1}{2\overrightarrow{\beta}} - 1 = \frac{0{,}5}{\beta_F} - 1, \end{aligned} \tag{86}$$

mit welchen Werten wieder die Tafeln benützt werden können. Die den Gl. 83—85 entsprechenden lauten mit den dort angegebenen Bezeichnungen

allgemein:
$$M_a = \frac{\alpha_F}{1-\alpha_F\,\beta_F}\left[(2-\beta_F)\,M_a^e + (1-2\beta_F)\,M_b^e\right],$$
$$M_b = \frac{\beta_F}{1-\alpha_F\,\beta_F}\left[(2-\alpha_F)\,M_b^e + (1-2\alpha_F)\,M_a^e\right]; \qquad (87)$$

bei Symmetrie der Belastung:
$$M_a = \frac{3\,\alpha_F}{1-\alpha_F\,\beta_F}\,(1-\beta_F)\,M^e,$$
$$M_b = \frac{3\alpha_F}{1-\alpha_F\,\beta_F}\,(1-\alpha_F)\,M^e, \qquad (88)$$

bei einseitig freier Auflagerung:
$$M_a = 0; \qquad M_b = 2\beta_F\,M_b^{e'},$$
$$M_b = 0; \qquad M_a = 2\alpha_F\,M_a^{e'}. \qquad (89)$$

Abschließend soll noch die Clapeyronsche Gleichung in einer solchen Form aufgestellt werden, daß in derselben nicht die L- und R-Werte, sondern ebenfalls die Einspannmomente volleingespannter Träger aufscheinen. Der Gang der Berechnung ist so wie unter III angegeben. Man hat dann mit Hilfe der Clapeyronschen Gleichung lediglich die auftretenden Stützmomente infolge des Angriffes der den Einspannmomenten entgegengesetzt gerichteten Momente zu bestimmen.

Mit den Bezeichnungen der Abb. 46 kann unmittelbar die Dreimomentengleichung unter der Verwendung der Gl. 51 angeschrieben werden.

$$\frac{X_{n-1}}{2\lambda_n} + X_n\left(\frac{1}{\lambda_n} + \frac{1}{\lambda_{n+1}}\right) + \frac{X_{n+1}}{2\,\lambda_{n+1}} = \frac{0{,}5\,M_n^{ae} + M_n^{be}}{\lambda_n} + \frac{0{,}5\,M_{n+1}^{be} + M_{n+1}^{ae}}{\lambda_{n+1}} =$$
$$= \frac{M_n^r}{\lambda_n} + \frac{M_{n+1}^l}{\lambda_{n+1}}$$

Darin bedeuten M_n^{ae} das linke Einspannmoment, wenn das Feld n beiderseits eingespannt wäre, M_{n+1}^{be} das rechte Einspannmoment, wenn das Feld $(n+1)$ beiderseits eingespannt wäre; M_n^r das Einspannmoment, wenn das Feld n links freie Auflagerung, rechts volle Einspannung besäße, M_{n+1}^l das Einspannmoment, wenn das Feld $n+1$ rechts freie Auflagerung, links volle Einspannung besäße. Die Momente sind mit ihrem Vorzeichen in die Gleichung einzuführen. (in der Regel negativ).

Für den Belastungsfall der Abb. 40a lauten z. B. die Gleichungen bei Verwendung der dort errechneten Werte:

$$\frac{M_1}{1{,}00} + \frac{M_2}{2\cdot 1{,}00} = \frac{-0{,}5\cdot 0835 - 1{,}830}{1{,}00},$$
$$\frac{M_1}{2\cdot 1{,}00} + M_2\left(\frac{1}{1{,}00} + \frac{1}{1{,}14}\right) + \frac{M_3}{2\cdot 1{,}14} = \frac{-05\cdot 1{,}830 - 0{,}835}{1{,}00} + \frac{-0{,}5\cdot 1{,}02 - 1{,}02}{1{,}14},$$
$$\frac{M_2}{2\cdot 1{,}14} + M_3\left(\frac{1}{1{,}14} + \frac{1}{2{,}00}\right) + \frac{M_4}{2\cdot 2{,}00} = \frac{-0{,}5\cdot 1{,}02 - 1{,}02}{1{,}14},$$
$$\frac{M_3}{2\cdot 2{,}00} + M_4\left(\frac{1}{2{,}00} + \frac{1}{2{,}67}\right) = \frac{-2{,}25}{2{,}67}.$$

Tafelverzeichnis

Tafel 1

Beidseitig eingespannter Träger

Einzellast

Laststellung \ Momente	M_0	$M_{0,1}$	$M_{0,2}$	$M_{0,3}$	$M_{0,4}$	$M_{0,5}$	$M_{0,6}$	$M_{0,7}$	$M_{0,8}$	$M_{0,9}$	$M_{1,0}$	
P bei 1 (0 1 2 3 4 5 6 7 8 9 10)	$\overline{0,0810}$	0,0162	0,0134	0,0106	0,0078	0,0050	0,0022	$\overline{0,0006}$	$\overline{0,0034}$	$\overline{0,0062}$	$\overline{0,0090}$	Pl
P bei 2 (0 1 2 3 4 5 6 7 8 9 10)	$\overline{0,1280}$	$\overline{0,0384}$	0,0512	0,0408	0,0304	0,0200	0,0096	$\overline{0,0008}$	$\overline{0,0112}$	$\overline{0,0216}$	$\overline{0,0320}$	Pl
P bei 3 (0 1 2 3 4 5 6 7 8 9 10)	$\overline{0,1470}$	$\overline{0,0686}$	0,0098	0,0882	0,0666	0,0450	0,0234	0,0018	$\overline{0,0198}$	$\overline{0,0414}$	$\overline{0,0630}$	Pl
P bei 4 (0 1 2 3 4 5 6 7 8 9 10)	$\overline{0,1440}$	$\overline{0,0792}$	$\overline{0,0144}$	0,0504	0,1152	0,0800	0,0448	0,0096	$\overline{0,0256}$	$\overline{0,0608}$	$\overline{0,0960}$	Pl
P bei 5 (0 1 2 3 4 5 6 7 8 9 10)	$\overline{0,1250}$	$\overline{0,0750}$	$\overline{0,0250}$	0,0250	0,0750	0,1250	0,0750	0,0250	$\overline{0,0250}$	$\overline{0,0750}$	$\overline{0,1250}$	Pl
P bei 6 (0 1 2 3 4 5 6 7 8 9 10)	$\overline{0,0960}$	$\overline{0,0608}$	$\overline{0,0256}$	0,0096	0,0448	0,0800	0,1152	0,0504	$\overline{0,0144}$	$\overline{0,0792}$	$\overline{0,1440}$	Pl
P bei 7 (0 1 2 3 4 5 6 7 8 9 10)	$\overline{0,0630}$	$\overline{0,0414}$	$\overline{0,0198}$	0,0018	0,0234	0,0450	0,0666	0,0882	0,0098	$\overline{0,0686}$	$\overline{0,1470}$	Pl
P bei 8 (0 1 2 3 4 5 6 7 8 9 10)	$\overline{0,0320}$	$\overline{0,0216}$	$\overline{0,0112}$	$\overline{0,0008}$	0,0096	0,0200	0,0304	0,0408	0,0512	$\overline{0,0384}$	$\overline{0,1280}$	Pl
P bei 9 (0 1 2 3 4 5 6 7 8 9 10)	$\overline{0,0090}$	$\overline{0,0062}$	$\overline{0,0034}$	$\overline{0,0006}$	0,0022	0,0050	0,0078	0,0106	0,0134	0,0162	$\overline{0,0810}$	Pl

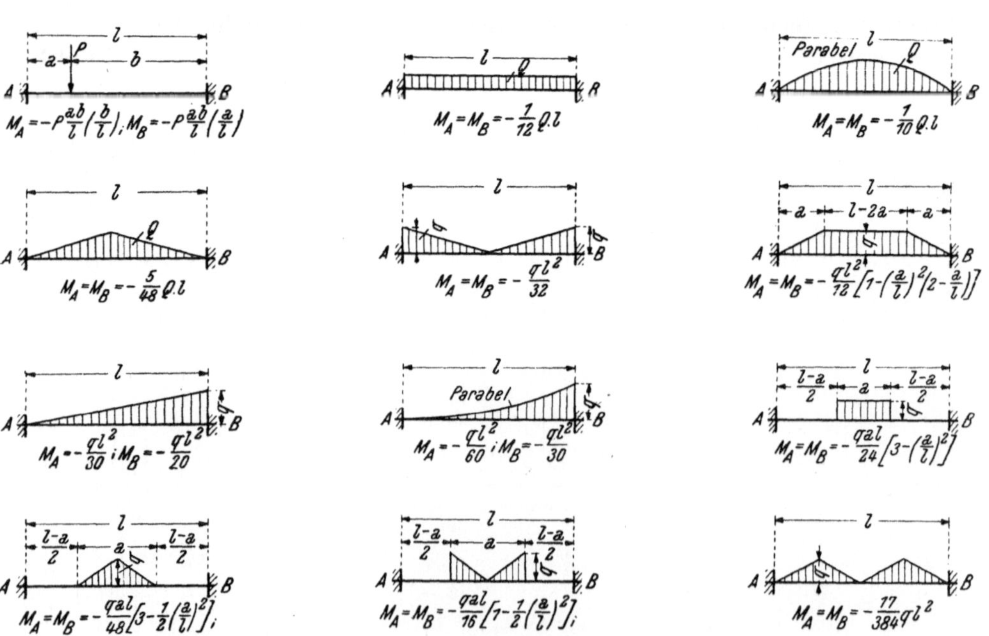

Beidseitig eingespannter Träger

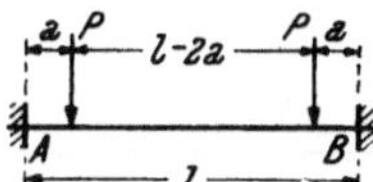

a/l	$M_a = M_b$
0,10	— 0,0900 Pl
0,15	— 0,1275 Pl
0,20	— 0,1600 Pl
0,25	— 0,1875 Pl
0,30	— 0,2100 Pl
0,35	— 0,2275 Pl
0,40	— 0,2400 Pl
0,45	— 0,2475 Pl
0,50	— 0,2500 Pl

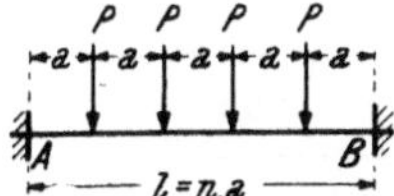

n	$M_a = M_b$
3	— 0,222 Pl
4	— 0,313 Pl
5	— 0,400 Pl
6	— 0,486 Pl
7	— 0,571 Pl

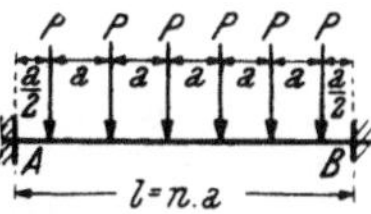

n	$M_a = M_b$
2	— 0,188 Pl
3	— 0,264 Pl
4	— 0,344 Pl
5	— 0,425 Pl
6	— 0,507 Pl
7	— 0,589 Pl

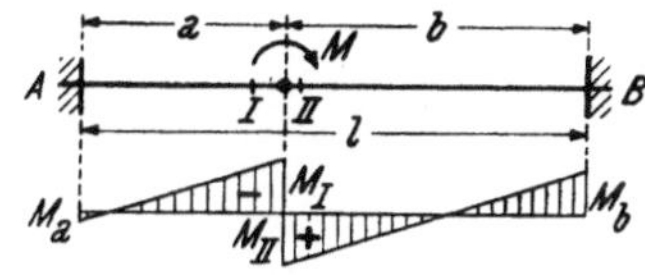

a/l	M_a	M_b	M_I	M_{II}	
0,1	— 0,630	— 0,170	— 0,684	+ 0,316	M
0,2	— 0,320	— 0,280	— 0,512	+ 0,488	M
0,3	— 0,070	— 0,330	— 0,448	+ 0,552	M
0,4	+ 0,120	— 0,320	— 0,456	+ 0,544	M
0,5	+ 0,250	— 0,250	— 0,500	+ 0,500	M
0,6	+ 0,320	— 0,120	— 0,544	+ 0,456	M
0,7	+ 0,330	+ 0,070	— 0,552	+ 0,448	M
0,8	+ 0,280	+ 0,320	— 0,488	+ 0,512	M
0,9	+ 0,170	+ 0,630	— 0,316	+ 0,684	M

Tafel 3

Beidseitig eingespannter Träger

Werte für φ_a

a/l \ b/l	0	0,1	0,2	0,3	0,4	0,5	0,6	0,7	0,8	0,9	1,0
0	0,0833	0,0922	0,1013	0,1091	0,1140	0,1146	0,1093	0,0967	0,0753	0,0436	0
0,1	0,0877	0,0983	0,1096	0,1200	0,1281	0,1323	0,1313	0,1233	0,1071	0,0810	
0,2	0,0853	0,0971	0,1100	0,1226	0,1333	0,1407	0,1433	0,1396	0,1280		
0,3	0,0776	0,0900	0,1041	0,1183	0,1313	0,1413	0,1471	0,1470			
0,4	0,0660	0,0786	0,0933	0,1087	0,1233	0,1356	0,1440				
0,5	0,0521	0,0643	0,0796	0,0953	0,1111	0,1250					
0,6	0,0373	0,0487	0,0633	0,0796	0,0960						
0,7	0,0233	0,0333	0,0471	0,0630							
0,8	0,0113	0,0196	0,0320								
0,9	0,0031	0,0090									
1,0	0										

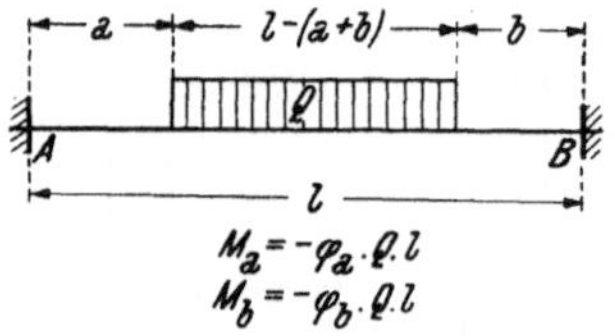

$M_a = -\varphi_a \cdot q \cdot l$
$M_b = -\varphi_b \cdot q \cdot l$

Werte für φ_b

a/l \ b/l	0	0,1	0,2	0,3	0,4	0,5	0,6	0,7	0,8	0,9	1,0
0	0,0833	0,0877	0,0853	0,0776	0,0660	0,0521	0,0373	0,0233	0,0113	0,0031	0
0,1	0,0922	0,0983	0,0971	0,0900	0,0786	0,0643	0,0487	0,0333	0,0196	0,0090	
0,2	0,1013	0,1096	0,1100	0,1041	0,0933	0,0793	0,0633	0,0471	0,0320		
0,3	0,1091	0,1200	0,1226	0,1183	0,1087	0,0953	0,0796	0,0630			
0,4	0,1140	0,1281	0,1333	0,1313	0,1233	0,1111	0,0960				
0,5	0,1146	0,1323	0,1407	0,1413	0,1356	0,1250					
0,6	0,1093	0,1313	0,1433	0,1471	0,1440						
0,7	0,0967	0,1233	0,1396	0,1470							
0,8	0,0753	0,1071	0,1280								
0,9	0,0436	0,0810									
1,0	0										

Anmerkung: Zwischenschaltung nicht nötig, da die Begrenzung der Last immer in die Zehntelpunkte verlegt werden kann, ohne daß dadurch nennenswerte Fehler auftreten.

Beidseitig eingespannter Träger

Werte für φ_a

a/l \ b/l	0	0,1	0,2	0,3	0,4	0,5	0,6	0,7	0,8	0,9	1,0
0	0,1000	0,1029	0,1045	0,1042	0,1016	0,0956	0,0864	0,0727	0,0541	0,0301	0
0,1	0,1134	0,1189	0,1235	0,1266	0,1277	0,1261	0,1212	0,1124	0,0993	0,0810	
0,2	0,1152	0,1226	0,1300	0,1355	0,1397	0,1417	0,1408	0,1364	0,1280		
0,3	0,1076	0,1166	0,1253	0,1334	0,1402	0,1451	0,1476	0,1470			
0,4	0,0936	0,1032	0,1131	0,1227	0,1315	0,1388	0,1440				
0,5	0,0750	0,0847	0,0952	0,1057	0,1159	0,1250					
0,6	0,0544	0,0637	0,0741	0,0851	0,0960						
0,7	0,0342	0,0425	0,0523	0,0630							
0,8	0,0168	0,0234	0,0320								
0,9	0,0046	0,0090									
1,0	0										

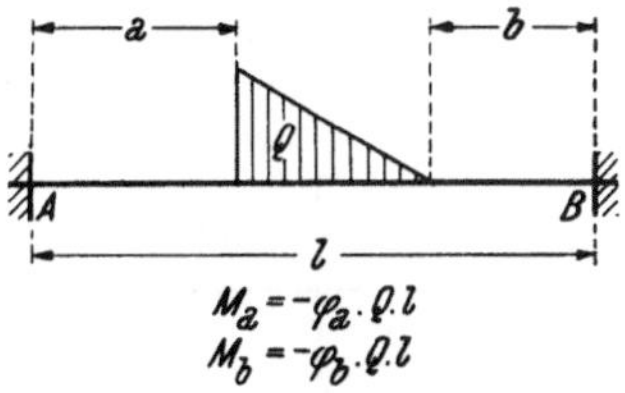

a — b — Q — A — B — l

$M_a = -\varphi_a \cdot Q \cdot l$

$M_b = -\varphi_b \cdot Q \cdot l$

Werte für φ_b

a/l \ b/l	0	0,1	0,2	0,3	0,4	0,5	0,6	0,7	0,8	0,9	1,0
0	0,0667	0,0620	0,0554	0,0476	0,0384	0,0292	0,0202	0,0124	0,0058	0,0016	0
0,1	0,0815	0,0777	0,0715	0,0634	0,0540	0,0439	0,0337	0,0242	0,0158	0,0090	
0,2	0,0981	0,0957	0,0900	0,0828	0,0735	0,0633	0,0525	0,0419	0,0320		
0,3	0,1140	0,1134	0,1097	0,1032	0,0948	0,0849	0,0741	0,0630			
0,4	0,1264	0,1285	0,1269	0,1223	0,1151	0,1063	0,0960				
0,5	0,1335	0,1386	0,1397	0,1375	0,1324	0,1250					
0,6	0,1322	0,1414	0,1458	0,1466	0,1440						
0,7	0,1207	0,1339	0,1428	0,1470							
0,8	0,0965	0,1149	0,1280								
0,9	0,0571	0,0810									
1,0	0										

Siehe Anmerkung Tafel 3

Tafel 5

Beidseitig eingespannter Träger

Werte für φ_a

a/l \ b/l	0	0,1	0,2	0,3	0,4	0,5	0,6	0,7	0,8	0,9	1,0
0	0,0667	0,0815	0,0981	0,1140	0,1264	0,1335	0,1322	0,1207	0,0965	0,0571	0
0,1	0,0620	0,0777	0,0957	0,1134	0,1285	0,1386	0,1414	0,1339	0,1149	0,0810	
0,2	0,0554	0,0715	0,0900	0,1097	0,1269	0,1397	0,1458	0,1428	0,1280		
0,3	0,0476	0,0634	0,0828	0,1032	0,1223	0,1375	0,1466	0,1470			
0,4	0,0384	0,0540	0,0735	0,0948	0,1151	0,1324	0,1440				
0,5	0,0292	0,0439	0,0633	0,0849	0,1063	0,1250					
0,6	0,0202	0,0337	0,0525	0,0741	0,0960						
0,7	0,0124	0,0242	0,0419	0,0630							
0,8	0,0058	0,0158	0,0320								
0,9	0,0016	0,0090									
1,0	0										

$M_a = -\varphi_a \cdot Q \cdot l$

$M_b = -\varphi_b \cdot Q \cdot l$

Werte für φ_b

a/l \ b/l	0	0,1	0,2	0,3	0,4	0,5	0,6	0,7	0,8	0,9	1,0
0	0,1000	0,1134	0,1152	0,1076	0,0936	0,0750	0,0544	0,0342	0,0168	0,0046	0
0,1	0,1029	0,1189	0,1226	0,1166	0,1032	0,0847	0,0637	0,0425	0,0234	0,0090	
0,2	0,1045	0,1235	0,1300	0,1253	0,1131	0,0952	0,0741	0,0523	0,0320		
0,3	0,1042	0,1266	0,1355	0,1334	0,1227	0,1057	0,0851	0,0630			
0,4	0,1016	0,1277	0,1397	0,1402	0,1315	0,1159	0,0960				
0,5	0,0956	0,1261	0,1417	0,1451	0,1388	0,1250					
0,6	0,0864	0,1212	0,1408	0,1476	0,1440						
0,7	0,0727	0,1124	0,1364	0,1470							
0,8	0,0541	0,0993	0,1280								
0,9	0,0301	0,0810									
1,0	0										

Siehe Anmerkung Tafel 3

Einseitig eingespannter Träger

Einzellast

Laststellung \ Momente	$M_{0,1}$	$M_{0,2}$	$M_{0,3}$	$M_{0,4}$	$M_{0,5}$	$M_{0,6}$	$M_{0,7}$	$M_{0,8}$	$M_{0,9}$	$M_{1,0}$	
P; 0 1 2 3 4 5 6 7 8 9 10	0,0851	0,0701	0,0552	0,0402	0,0253	0,0103	$\overline{0,0046}$	$\overline{0,0196}$	$\overline{0,0345}$	$\overline{0,0495}$	Pl
P; 0 1 2 3 4 5 6 7 8 9 10	0,0704	0,1408	0,1112	0,0816	0,0520	0,0224	$\overline{0,0072}$	$\overline{0,0368}$	$\overline{0,0664}$	$\overline{0,0960}$	Pl
P; 0 1 2 3 4 5 6 7 8 9 10	0,0564	0,1127	0,1691	0,1254	0,0818	0,0381	$\overline{0,0055}$	$\overline{0,0492}$	$\overline{0,0928}$	$\overline{0,1365}$	Pl
P; 0 1 2 3 4 5 6 7 8 9 10	0,0432	0,0864	0,1296	0,1728	0,1160	0,0592	0,0024	$\overline{0,0544}$	$\overline{0,1112}$	$\overline{0,1680}$	Pl
P; 0 1 2 3 4 5 6 7 8 9 10	0,0313	0,0625	0,0938	0,1250	0,1563	0,0875	0,0188	$\overline{0,0500}$	$\overline{0,1187}$	$\overline{0,1875}$	Pl
P; 0 1 2 3 4 5 6 7 8 9 10	0,0208	0,0416	0,0624	0,0832	0,1040	0,1248	0,0456	$\overline{0,0336}$	$\overline{0,1128}$	$\overline{0,1920}$	Pl
P; 0 1 2 3 4 5 6 7 8 9 10	0,0122	0,0243	0,0365	0,0486	0,0608	0,0729	0,0851	$\overline{0,0028}$	$\overline{0,0906}$	$\overline{0,1785}$	Pl
P; 0 1 2 3 4 5 6 7 8 9 10	0,0056	0,0112	0,0168	0,0224	0,0280	0,0336	0,0392	0,0448	$\overline{0,0496}$	$\overline{0,1440}$	Pl
P; 0 1 2 3 4 5 6 7 8 9 10	0,0015	0,0029	0,0044	0,0058	0,0073	0,0087	0,0102	0,0116	0,0131	$\overline{0,0855}$	Pl

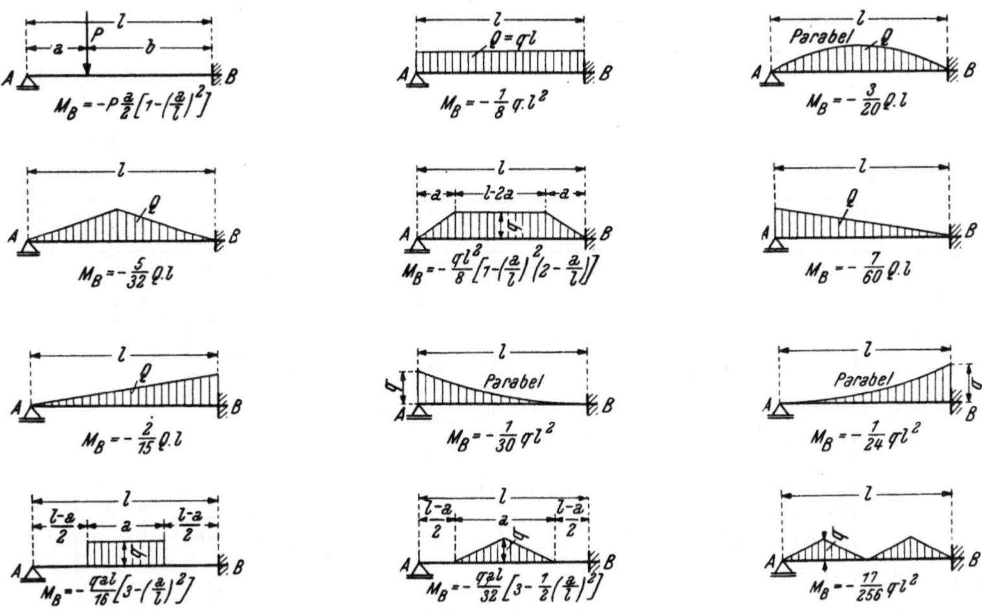

Einseitig eingespannter Träger

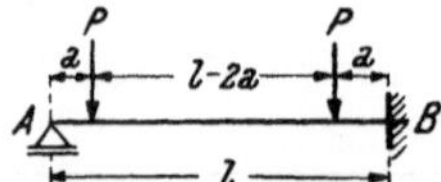

a/l	M_b
0,10	— 0,1350 Pl
0,15	— 0,1913 Pl
0,20	— 0,2400 Pl
0,25	— 0,2813 Pl
0,30	— 0,3150 Pl
0,35	— 0,3413 Pl
0,40	— 0,3600 Pl
0,45	— 0,3713 Pl
0,50	— 0,3750 Pl

n	M_b
3	— 0,3333 Pl
4	— 0,4688 Pl
5	— 0,6000 Pl
6	— 0,7292 Pl
7	— 0,8572 Pl

n	M_b
2	— 0,2813 Pl
3	— 0,3958 Pl
4	— 0,5155 Pl
5	— 0,6375 Pl
6	— 0,7604 Pl
7	— 0,8839 Pl

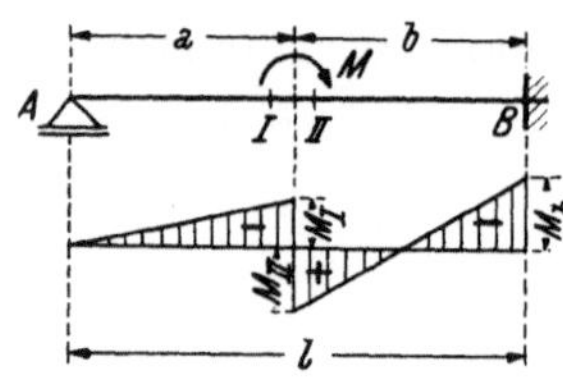

a/l	M_b	M_I	M_{II}	
0,1	— 0,4850	— 0,1485	+ 0,8515	M
0,2	— 0,4400	— 0,2880	+ 0,7120	M
0,3	— 0,3650	— 0,4095	+ 0,5905	M
0,4	— 0,2600	— 0,5040	+ 0.4960	M
0,5	— 0,1250	— 0,5625	+ 0,4375	M
0,6	+ 0,0400	— 0,5760	+ 0,4240	M
0,7	+ 0,2350	— 0,5355	+ 0,4645	M
0,8	+ 0,4600	— 0,4320	+ 0,5680	M
0,9	+ 0,7150	— 0,2565	+ 0,7435	M

Werte φ_b

a/l \ b/l	0	0,1	0,2	0,3	0,4	0,5	0,6	0,7	0,8	0,9	1,0
0	0,1250	0,1338	0,1359	0,1321	0,1230	0,1094	0,0919	0,0716	0,0489	0,0249	0
0,1	0,1360	0,1474	0,1519	0,1500	0,1426	0,1304	0,1143	0,0949	0,0731	0,0495	
0,2	0,1439	0,1581	0,1650	0,1654	0,1600	0,1496	0,1349	0,1169	0,0960		
0,3	0,1479	0,1650	0,1746	0,1774	0,1743	0,1659	0,1531	0,1365			
0,4	0,1470	0,1674	0,1800	0,1856	0,1849	0,1789	0,1680				
0,5	0,1406	0,1645	0,1804	0,1889	0,1911	0,1875					
0,6	0,1279	0,1556	0,1749	0,1869	0,1920						
0,7	0,1083	0,1400	0,1631	0,1785							
0,8	0,0809	0,1169	0,1440								
0,9	0,0451	0,0855									
1,0	0										

$M_b = -\varphi_b \cdot Q \cdot l$

Siehe Anmerkung Tafel 3

Einseitig eingespannter Träger

Werte für φ_1

a/l \ b/l	0	0,1	0,2	0,3	0,4	0,5	0,6	0,7	0,8	0,9	1,0
0	0,1333	0,1542	0,1642	0,1648	0,1568	0,1417	0,1205	0,0946	0,0650	0,0331	0
0,1	0,1339	0,1575	0,1705	0,1733	0,1674	0,1538	0,1343	0,1096	0,0809	0,0495	
0,2	0,1322	0,1593	0,1748	0,1801	0,1764	0,1650	0,1470	0,1236	0,0960		
0,3	0,1279	0,1583	0,1769	0,1850	0,1838	0,1746	0,1585	0,1365			
0,4	0,1208	0,1547	0,1765	0,1876	0,1891	0,1822	0,1680				
0,5	0,1104	0,1481	0,1733	0,1876	0,1919	0,1875					
0,6	0,0965	0,1381	0,1672	0,1846	0,1920						
0,7	0,0788	0,1246	0,1574	0,1785							
0,8	0,0571	0,1072	0,1440								
0,9	0,0310	0,0855									
1,0	0										

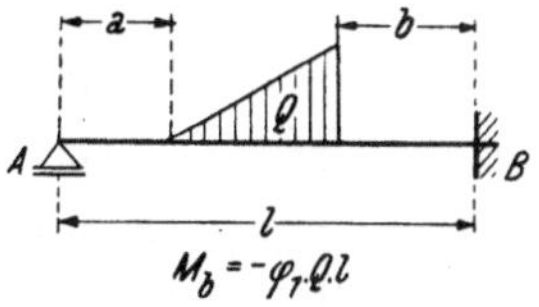

$M_b = -\varphi_1 \cdot Q \cdot l$

Werte für φ_2

a/l \ b/l	0	0,1	0,2	0,3	0,4	0,5	0,6	0,7	0,8	0,9	1,0
0	0,1167	0,1135	0,1077	0,0994	0,0892	0,0771	0,0635	0,0486	0,0330	0,0167	0
0,1	0,1383	0,1371	0,1333	0,1267	0,1178	0,1069	0,0944	0,0804	0,0653	0,0495	
0,2	0,1557	0,1571	0,1552	0,1505	0,1434	0,1341	0,1230	0,1102	0,0960		
0,3	0,1678	0,1717	0,1723	0,1700	0,1649	0,1574	0,1478	0,1365			
0,4	0,1732	0,1801	0,1834	0,1836	0,1809	0,1756	0,1680				
0,5	0,1708	0,1810	0,1873	0,1904	0,1904	0,1875					
0,6	0,1595	0,1731	0,1828	0,1892	0,1920						
0,7	0,1379	0,1552	0,1689	0,1785							
0,8	0,1049	0,1267	0,1440								
0,9	0,0594	0,0855									
1,0	0										

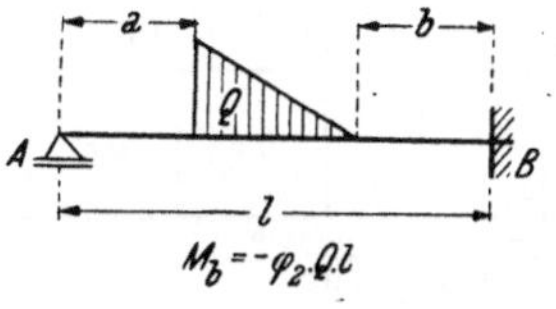

$M_b = -\varphi_2 \cdot Q \cdot l$

Siehe Anmerkung Tafel 3

Momente im frei aufliegenden Träger bei geradlinig abnehmender Belastung

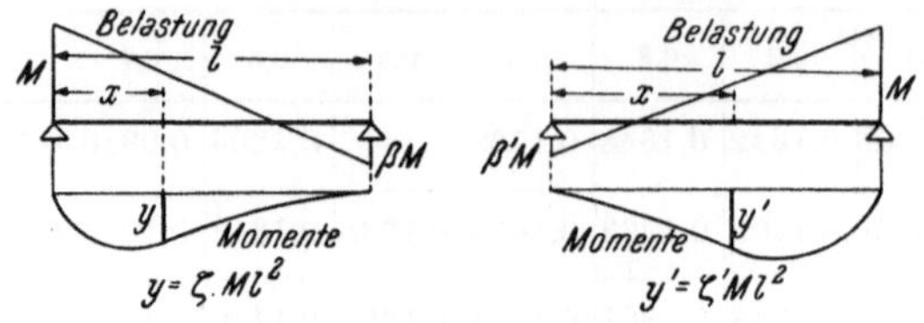

Werte für ζ und ζ'

Eingang für ζ → ζ ←

β \ $\frac{x}{l}$	0,1	0,2	0,3	0,4	0,5	0,6	0,7	0,8	0,9	$\frac{x}{l}$ / β
0	0,0285	0,0480	0,0595	0,0640	0,0625	0,0560	0,0455	0,0320	0,0165	0
0,01	0,0283	0,0477	0,0590	0,0634	0,0619	0,0554	0,0449	0,0315	0,0162	0,01
0,02	0,0282	0,0474	0,0586	0,0629	0,0613	0,0547	0,0443	0,0310	0,0159	0,02
0,03	0,0280	0,0470	0,0581	0,0623	0,0606	0,0541	0,0437	0,0306	0,0157	0,03
0,04	0,0278	0,0467	0,0577	0,0618	0,0600	0,0534	0,0431	0,0301	0,0154	0,04
0,05	0,0277	0,0464	0,0572	0,0612	0,0594	0,0528	0,0425	0,0296	0,0151	0,05
0,06	0,0275	0,0461	0,0568	0,0606	0,0588	0,0522	0,0419	0,0291	0,0148	0,06
0,07	0,0273	0,0458	0,0563	0,0601	0,0581	0,0515	0,0413	0,0286	0,0145	0,07
0,08	0,0272	0,0454	0,0559	0,0595	0,0575	0,0509	0,0407	0,0282	0,0142	0,08
0,09	0,0270	0,0451	0,0554	0,0590	0,0569	0,0502	0,0401	0,0277	0,0139	0,09
0,10	0,0269	0,0448	0,0550	0,0584	0,0563	0,0496	0,0396	0,0272	0,0137	0,10
0,11	0,0267	0,0445	0,0545	0,0578	0,0556	0,0490	0,0390	0,0267	0,0134	0,11
0,12	0,0265	0,0442	0,0540	0,0573	0,0550	0,0483	0,0384	0,0262	0,0131	0,12
0,13	0,0264	0,0438	0,0536	0,0567	0,0544	0,0477	0,0378	0,0258	0,0128	0,13
0,14	0,0262	0,0435	0,0531	0,0562	0,0538	0,0470	0,0372	0,0253	0,0125	0,14
0,15	0,0260	0,0432	0,0527	0,0556	0,0531	0,0464	0,0366	0,0248	0,0122	0,15
0,16	0,0259	0,0429	0,0522	0,0550	0,0525	0,0458	0,0360	0,0243	0,0119	0,16
0,17	0,0257	0,0426	0,0518	0,0545	0,0519	0,0451	0,0354	0,0238	0,0117	0,17
0,18	0,0255	0,0422	0,0513	0,0539	0,0513	0,0445	0,0348	0,0234	0,0114	0,18
0,19	0,0254	0,0419	0,0509	0,0534	0,0506	0,0438	0,0342	0,0229	0,0111	0,19
0,20	0,0252	0,0416	0,0504	0,0528	0,0500	0,0432	0,0336	0,0224	0,0108	0,20
β' / $\frac{x}{l}$	0,9	0,8	0,7	0,6	0,5	0,4	0,3	0,2	0,1	$\frac{x}{l}$ \ β'

Eingang für ζ' → ζ' ←

Werte für ζ und ζ'

Eingang für ζ → ← ζ

β \ $\frac{x}{l}$	0,1	0,2	0,3	0,4	0,5	0,6	0,7	0,8	0,9	$\frac{x}{l}$ / β
0,21	0,0250	0,0413	0,0499	0,0522	0,0494	0,0426	0,0330	0,0219	0,0105	0,21
0,22	0,0249	0,0410	0,0495	0,0517	0,0488	0,0419	0,0324	0,0214	0,0102	0,22
0,23	0,0247	0,0406	0,0490	0,0511	0,0481	0,0413	0,0318	0,0210	0,0099	0,23
0,24	0,0245	0,0403	0,0486	0,0506	0,0475	0,0406	0,0312	0,0205	0,0097	0,24
0,25	0,0244	0,0400	0,0481	0,0500	0,0469	0,0400	0,0306	0,0200	0,0094	0,25
0,26	0,0242	0,0397	0,0477	0,0494	0,0463	0,0394	0,0300	0,0195	0,0091	0,26
0,27	0,0240	0,0394	0,0472	0,0489	0,0456	0,0387	0,0294	0,0190	0,0088	0,27
0,28	0,0238	0,0390	0,0468	0,0483	0,0450	0,0381	0,0288	0,0186	0,0085	0,28
0,29	0,0237	0,0387	0,0463	0,0478	0,0444	0,0374	0,0282	0,0181	0,0082	0,29
0,30	0,0236	0,0384	0,0459	0,0472	0,0438	0,0368	0,0277	0,0176	0,0080	0,30
0,31	0,0234	0,0381	0,0454	0,0466	0,0431	0,0362	0,0271	0,0171	0,0077	0,31
0,32	0,0232	0,0378	0,0449	0,0461	0,0425	0,0355	0,0265	0,0166	0,0074	0,32
0,33	0,0231	0,0374	0,0445	0,0455	0,0419	0,0349	0,0259	0,0162	0,0071	0,33
0,34	0,0229	0,0371	0,0440	0,0450	0,0413	0,0342	0,0253	0,0157	0,0068	0,34
0,35	0,0227	0,0368	0,0436	0,0444	0,0406	0,0336	0,0247	0,0152	0,0065	0,35
0,36	0,0226	0,0365	0,0431	0,0438	0,0400	0,0330	0,0241	0,0147	0,0062	0,36
0,37	0,0224	0,0362	0,0427	0,0433	0,0394	0,0323	0,0235	0,0142	0,0060	0,37
0,38	0,0222	0,0358	0,0422	0,0427	0,0388	0,0317	0,0229	0,0138	0,0057	0,38
0,39	0,0221	0,0355	0,0418	0,0422	0,0381	0,0310	0,0223	0,0133	0,0054	0,39
0,40	0,0219	0,0352	0,0413	0,0416	0,0375	0,0304	0,0217	0,0128	0,0051	0,40
0,41	0,0217	0,0349	0,0408	0,0410	0,0369	0,0298	0,0211	0,0123	0,0048	0,41
0,42	0,0216	0,0346	0,0404	0,0405	0,0363	0,0291	0,0205	0,0118	0,0045	0,42
0,43	0,0214	0,0342	0,0399	0,0399	0,0356	0,0285	0,0199	0,0114	0,0042	0,43
0,44	0,0212	0,0339	0,0395	0,0394	0,0350	0,0278	0,0193	0,0109	0,0040	0,44
0,45	0,0211	0,0336	0,0390	0,0388	0,0344	0,0272	0,0187	0,0104	0,0037	0,45
0,46	0,0209	0,0333	0,0386	0,0382	0,0338	0,0266	0,0181	0,0099	0,0034	0,46
0,47	0,0207	0,0330	0,0381	0,0377	0,0331	0,0259	0,0175	0,0094	0,0031	0,47
0,48	0,0206	0,0326	0,0377	0,0371	0,0325	0,0253	0,0169	0,0090	0,0028	0,48
0,49	0,0204	0,0323	0,0372	0,0365	0,0319	0,0246	0,0163	0,0085	0,0025	0,49
0,50	0,0203	0,0320	0,0368	0,0360	0,0313	0,0240	0,0158	0,0080	0,0023	0,50
β' / $\frac{x}{l}$	0,9	0,8	0,7	0,6	0,5	0,4	0,3	0,2	0,1	$\frac{x}{l}$ \ β'

Eingang für ζ' → ← ζ'

Momente im frei aufliegenden Träger

$M = \xi_1 \cdot p \cdot l^2$ | $M = \xi_2 \cdot p \cdot l^2$ | $M = \xi_3 \cdot p \cdot l^2$ (Parabel) | $M = \xi_4 \cdot p \cdot l^2$ (Parabel) | $M = \xi_5 \cdot p \cdot l^2$ | $M = \xi_6 \cdot p \cdot l^2$

$\frac{x}{l}$	ξ_1	ξ_2	ξ_3	ξ_4	ξ_5	ξ_6
0,1	0,0450	0,01650	0,00832	0,03270	0,02033	0,02467
0,2	0,0800	0,03200	0,01653	0,06187	0,03267	0,04733
0,3	0,1050	0,04550	0,02432	0,08470	0,03900	0,06600
0,4	0,1200	0,05600	0,03120	0,09920	0,04133	0,07867
0,5	0,1250	0,06250	0,03646	0,10417	0,04167	0,08333
0,6	0,1200	0,06400	0,03920	0,09920	0,04133	0,07867
0,7	0,1050	0,05950	0,03833	0,08470	0,03900	0,06600
0,8	0,0800	0,04800	0,03253	0,06187	0,03267	0,04733
0,9	0,0450	0,02850	0,02032	0,03270	0,02033	0,02467

Bemerkungen zu den Tafeln 11—55

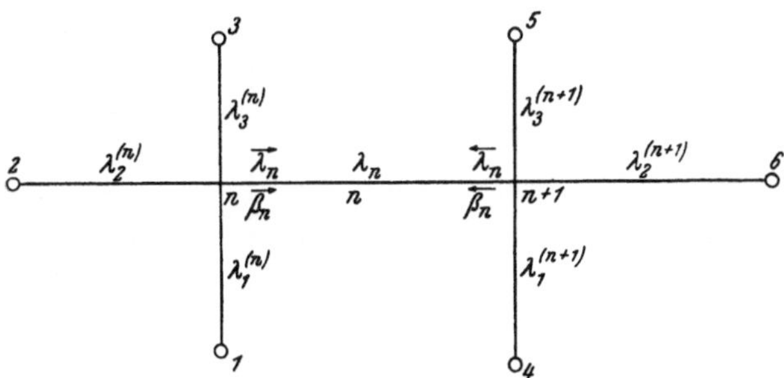

Die Steifigkeitszahl im Feld n ist $\lambda_n = \frac{J_n}{J_0} \frac{l_0}{l_n}$

$$m_1 = \frac{\lambda_n}{\Sigma \lambda^{(n)}} = \frac{\textit{Steifigkeitszahl im Feld } n}{\textit{Summe der Steifigkeitszahlen der an dieses Feld links angeschlossenen Stäbe}}$$

$$m_2 = \frac{\lambda_n}{\Sigma \lambda^{(n+1)}} = \frac{\textit{Steifigkeitszahl im Feld } n}{\textit{Summe der Steifigkeitszahlen der an dieses Feld rechts angeschlossenen Stäbe}}$$

Im Falle einer Einspannung in den Punkten 1—6 sind im Nenner anstelle der Steifigkeitszahlen die entsprechenden Ersatzsteifigkeitszahlen zu setzen.

Mit Hilfe der Leitwerte m_1 und m_2 können aus den Tafeln die Größen der Eckmomente und die Größen der Einflußlinienordinaten im Hauptfeld unmittelbar bestimmt werden. Zu beachten ist dabei, daß die eingeklammerten Werte zusammengehören.

Die Einflußlinienordinaten in den Nebenfeldern sind mittels der Anschlußmomente μ nach III A 4/5 zu ermitteln. (Siehe Beispiele 21 und 24.) Wenn sich die μ-Werte aus den Tafeln positiv ergeben, dann wirken die Anschlußmomente auf die rechts und links vom Hauptfeld gelegenen Rahmenteile in dem in den Abbildungen angegebenen Richtungssinn.

Bemerkungen zu den Tafeln 56—64

Aus ihnen können unmittelbar für symmetrisch ausgebildete Durchlaufträger die Momente infolge Gleichlast entnommen werden. In jenen Bereichen, in welchen sich die Feldmomente kleiner als bei beidseitiger Einspannung ergaben, wurden die entsprechenden Beiwerte nur gestrichelt angedeutet, weil diese Feldmomente für die Bemessung nicht maßgebend sind. Ist nur ein einziges Feld mit beliebiger symmetrischer Last belastet, dann können die entstehenden Stützmomente ebenfalls aus den Tafeln 56, 58 und 61 errechnet werden; in diesem Fall ist eine Ersatzlast einzuführen in der Größe $q_e = \frac{12 M^e}{l^2}$, wobei M^e das Stützmoment bei beidseitiger voller Einspannung, l die Stützweite des belasteten Feldes bedeutet.

Tafel 11

α- und β- Werte

m	α	β	m	α	β
0	1,333	0,500	1,8	1,098	0,179
0,1	1,294	0,455	1,9	1,094	0,172
0,2	1,263	0,417	2,0	1,091	0,167
0,3	1,238	0,385	2,2	1,085	0,156
0,4	1,217	0,357	2,4	1,079	0,147
0,5	1,200	0,333	2,6	1,074	0,139
0,6	1,185	0,313	2,8	1,070	0,132
0,7	1,172	0,294	3,0	1,067	0,125
0,8	1,161	0,278	4,0	1,052	0,100
0,9	1,152	0,263	5,0	1,043	0,083
1,0	1,143	0,250	6,0	1,037	0,071
1,1	1,135	0,238	7,0	1,032	0,063
1,2	1,128	0,227	8,0	1,029	0,056
1,3	1,122	0,217	9,0	1,026	0,050
1,4	1,116	0,208	10,0	1,023	0,045
1,5	1,111	0,200	20,0	1,012	0,024
1,6	1,106	0,192	50,0	1,005	0,010
1,7	1,102	0,185	∞	1,000	0

Werte bei gleicher Steifigkeit λ in allen Feldern

$\overleftarrow{\lambda_1} = \lambda$ $\quad \overleftarrow{\lambda_2} = 1{,}143\,\lambda$ $\quad \overleftarrow{\lambda_3} = 1{,}154\,\lambda$ $\quad \overleftarrow{\lambda_4} = 1{,}155\,\lambda$ $\quad \overleftarrow{\lambda_5} = 1{,}155\,\lambda$

$\triangle\ \overleftarrow{\beta_1} = 0\ \triangle\ \overleftarrow{\beta_2} = 0{,}250\ \triangle\ \overleftarrow{\beta_3} = 0{,}267\ \triangle\ \overleftarrow{\beta_4} = 0{,}268\ \triangle\ \overleftarrow{\beta_5} = 0{,}268\ \triangle$

Tafel 11a

Näherungswerte für α und β

m	α	β
von 0 bis 0,2	1,300	0,460
,, 0.2 ,, 0,5	1,240	0,387
,, 0,5 ,, 1,0	1,180	0,305
,, 1,0 ,, 2,0	1,130	0,230
,, 2,0 ,, 5,0	1,070	0,132
,, 5,0 ,, ∞	1,030	0,050

Rahmenmomente bei Gleichlast

$$M_a = \varphi_a \cdot q \cdot l^2 \qquad M_b = [\varphi_b] \cdot q \cdot l^2$$

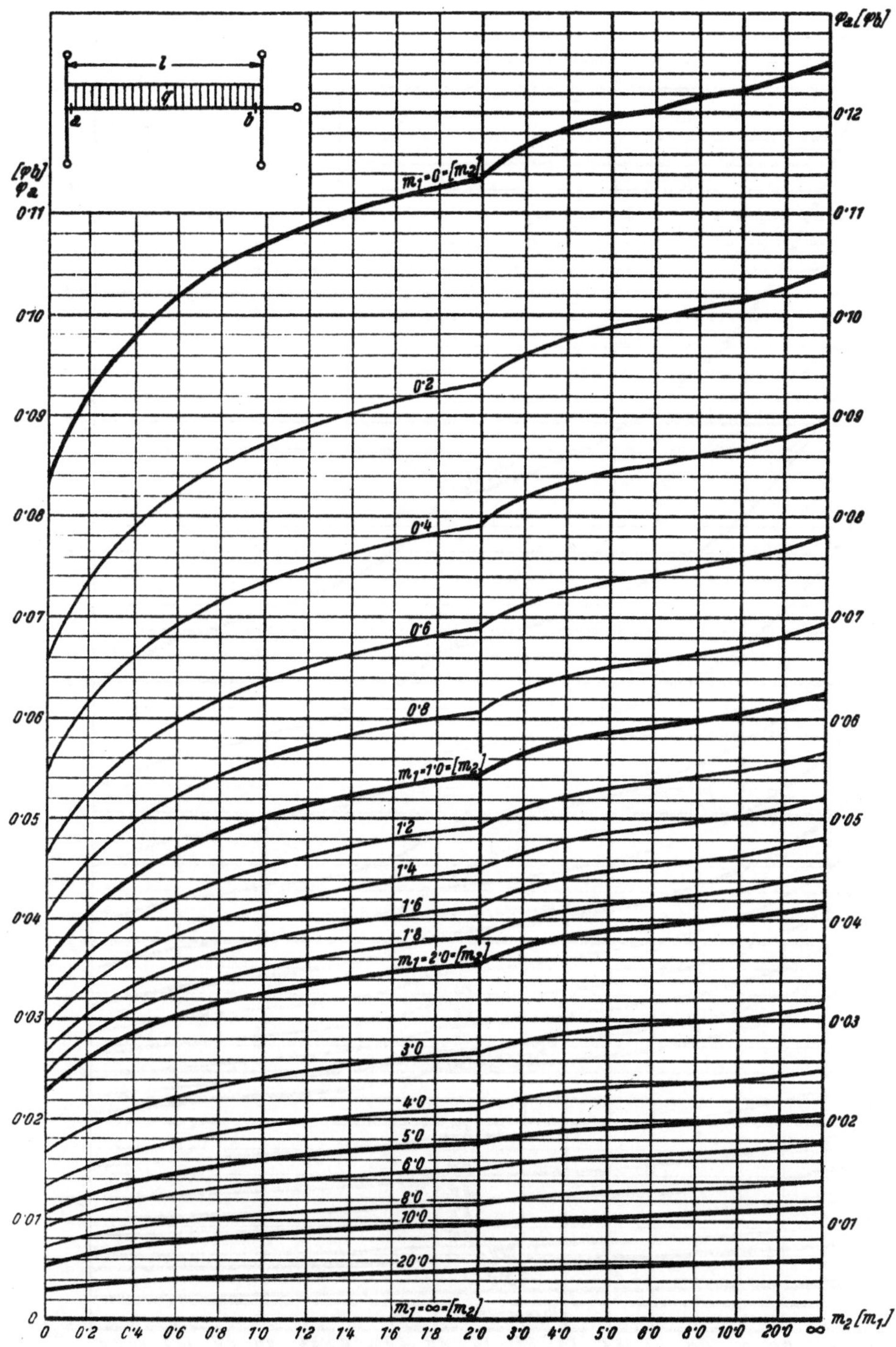

Tafel 13

Rahmenmomente bei entgegengesetzt spiegelgleicher Belastung

$$M_a = \psi_a \cdot M_a^e \qquad M_b = [\psi_b] \cdot M_b^e$$

M_a^e, M_b^e... Einspannmomente im beidseitig eingespannten Träger

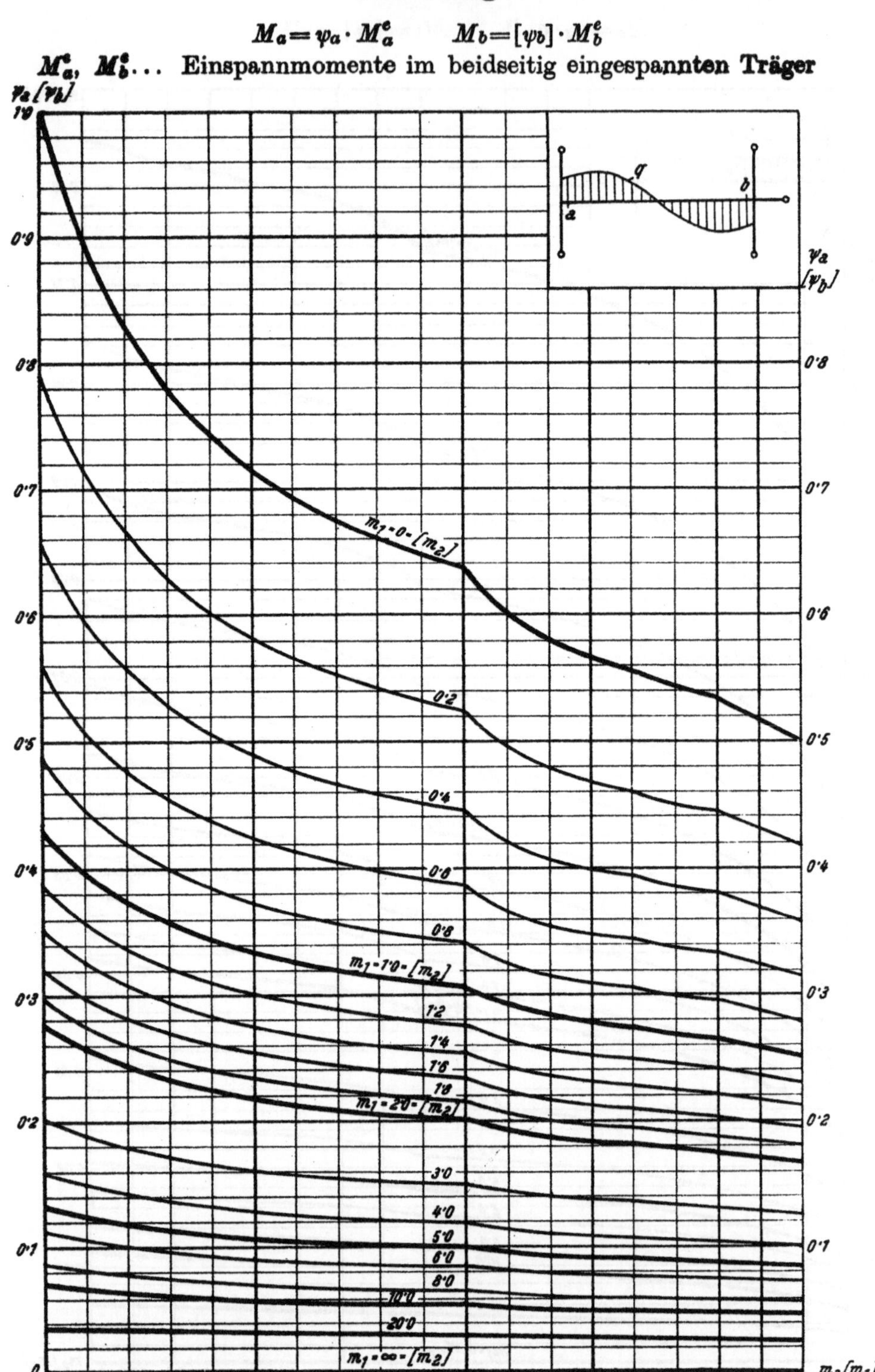

E. L. für Stützmoment in $x = 0$ und $x = 1{,}0\, l_n$

$$y_1^0 = -\eta_1^0 \cdot l_n \qquad y_9^{1,0} = -[\eta_9^{1,0}] \cdot l_n$$

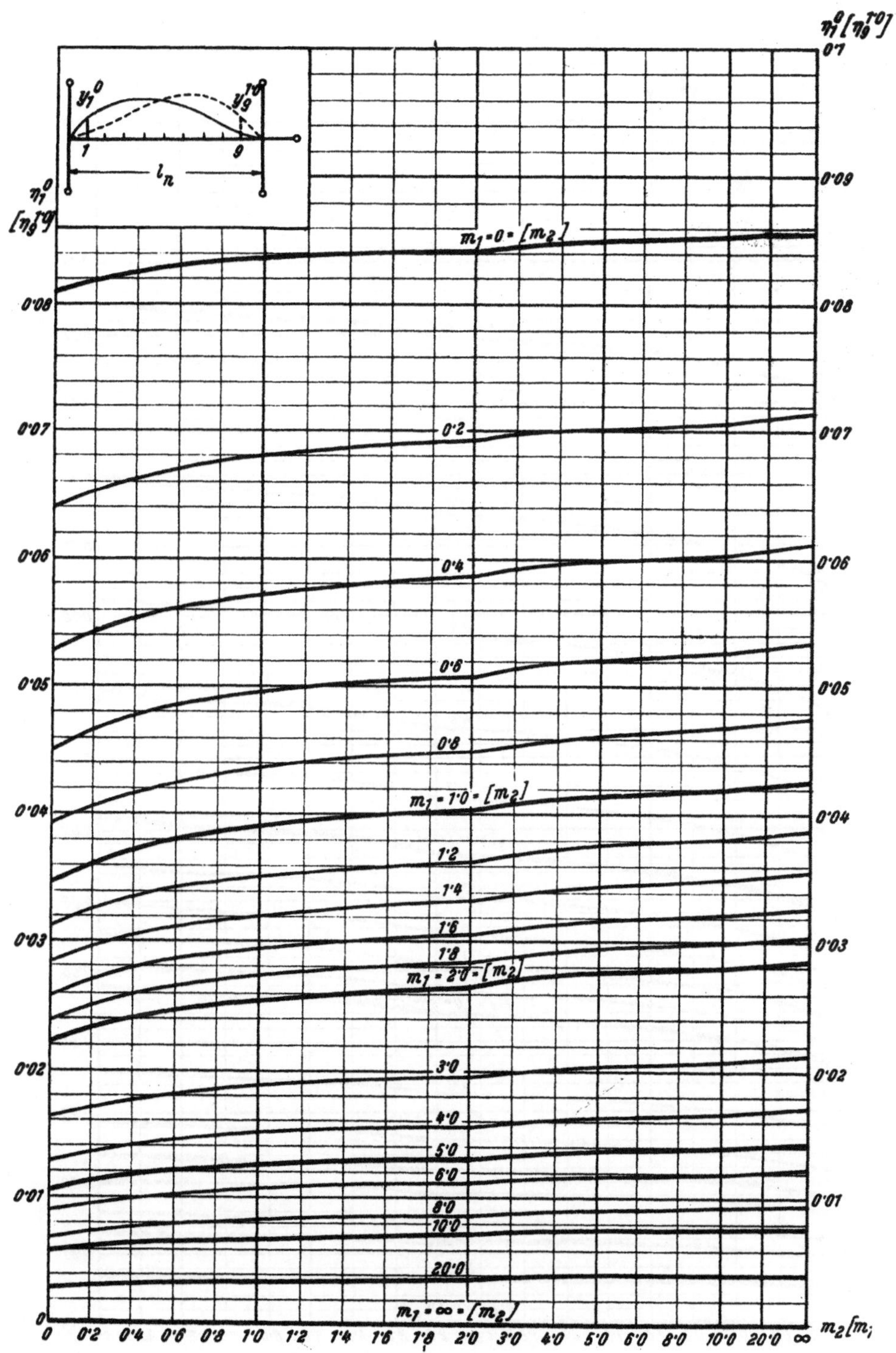

E. L. für Stützmoment in $x = 0$ und $x = 1{,}0\, l_n$

$$y_2^0 = -\eta_2^0 \cdot l_n \qquad y_8^{1,0} = -\left[\eta_8^{1,0}\right] \cdot l_n$$

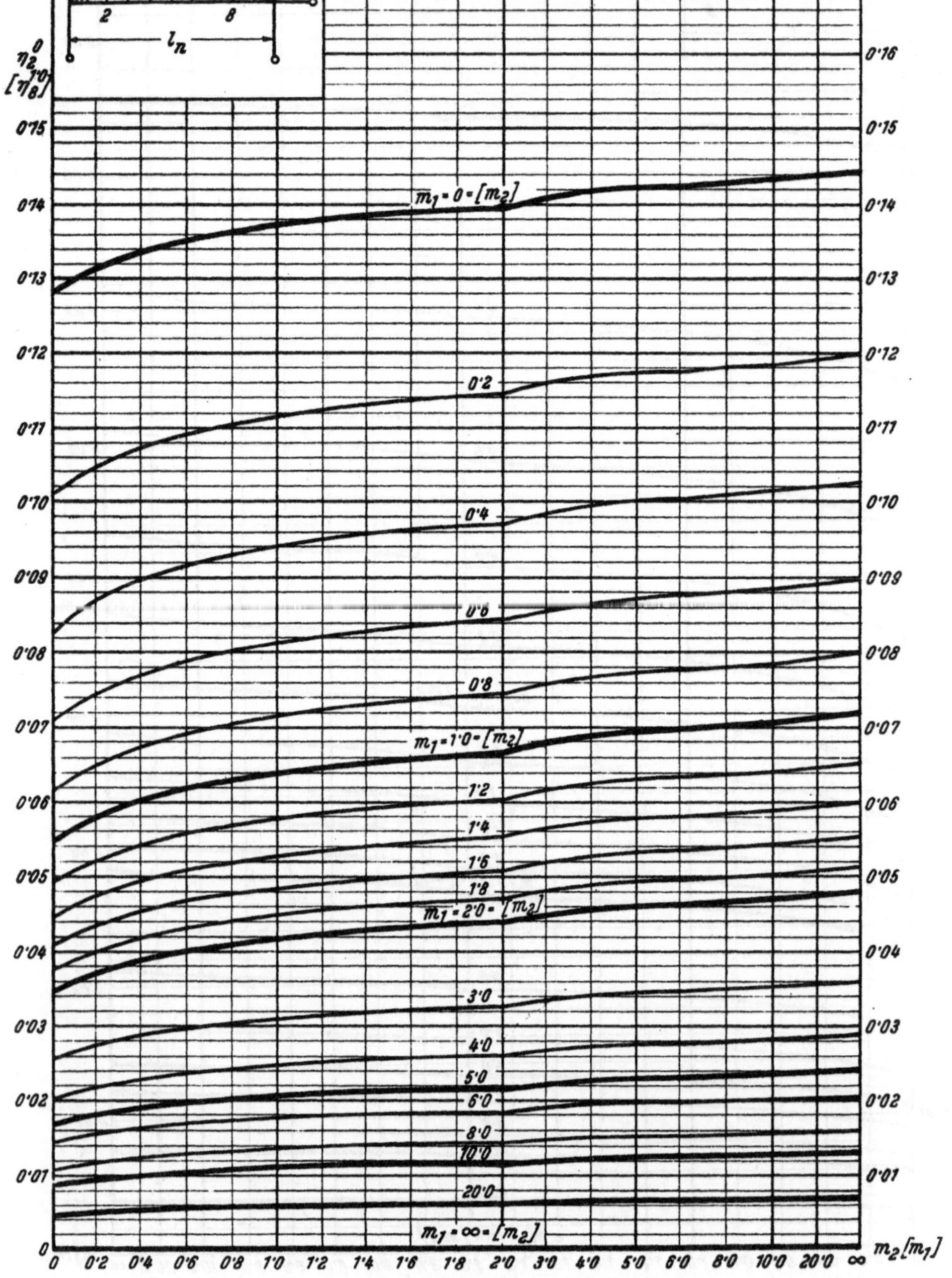

E. L. für Stützmoment in $x = 0$ und $x = 1{,}0\, l_n$

$$y_3^0 = -\eta_3^0 \cdot l_n \qquad y_7^{1,0} = -[\eta_7^{1,0}] \cdot l_n$$

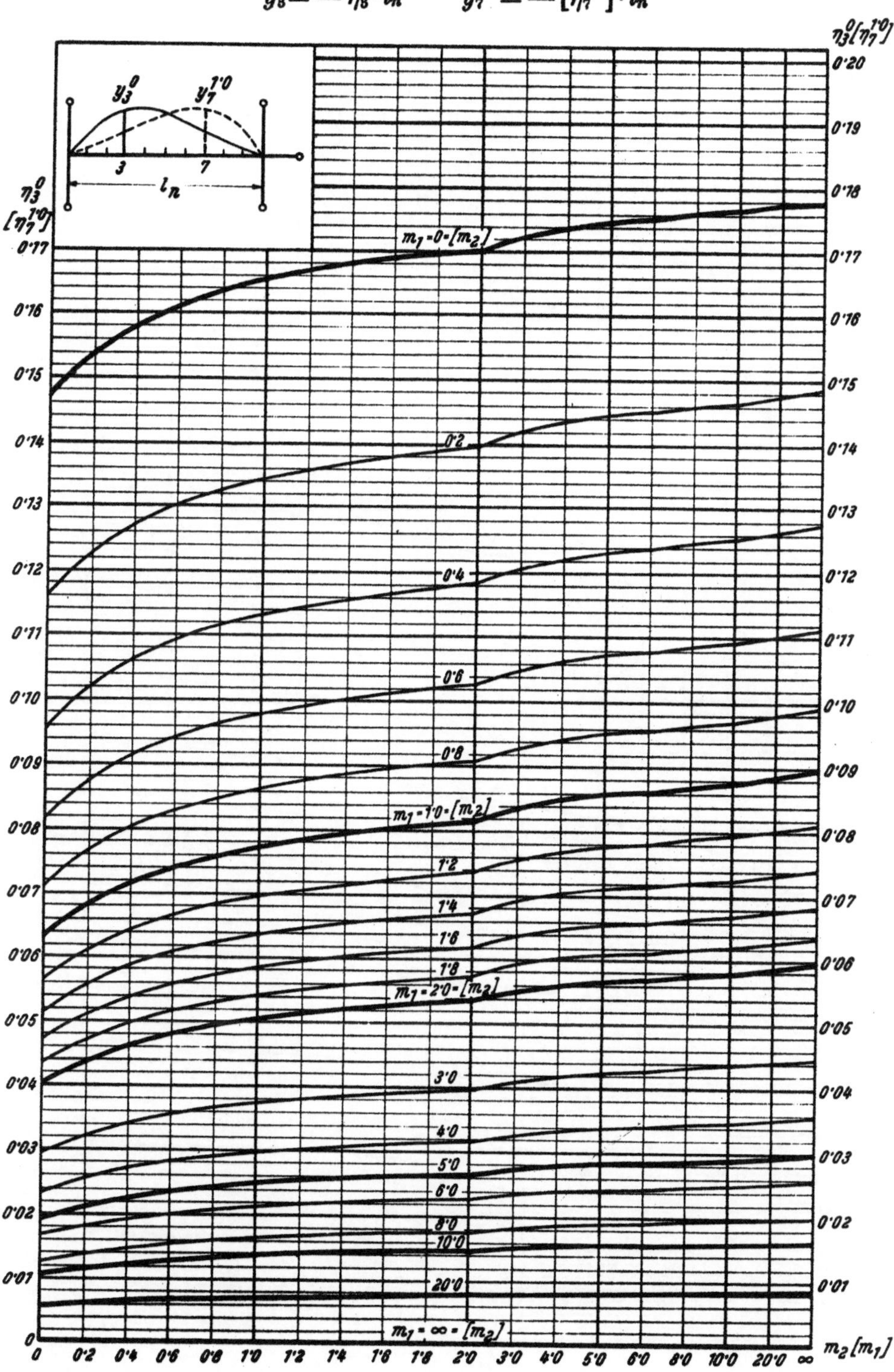

Tafel 17

E. L. für Stützmoment in $x = 0$ und $x = 1{,}0\, l_n$

$$y_4^0 = -\eta_4^0 \cdot l_n \qquad y_6^{1,0} = -\left[\eta_6^{1,0}\right] \cdot l_n$$

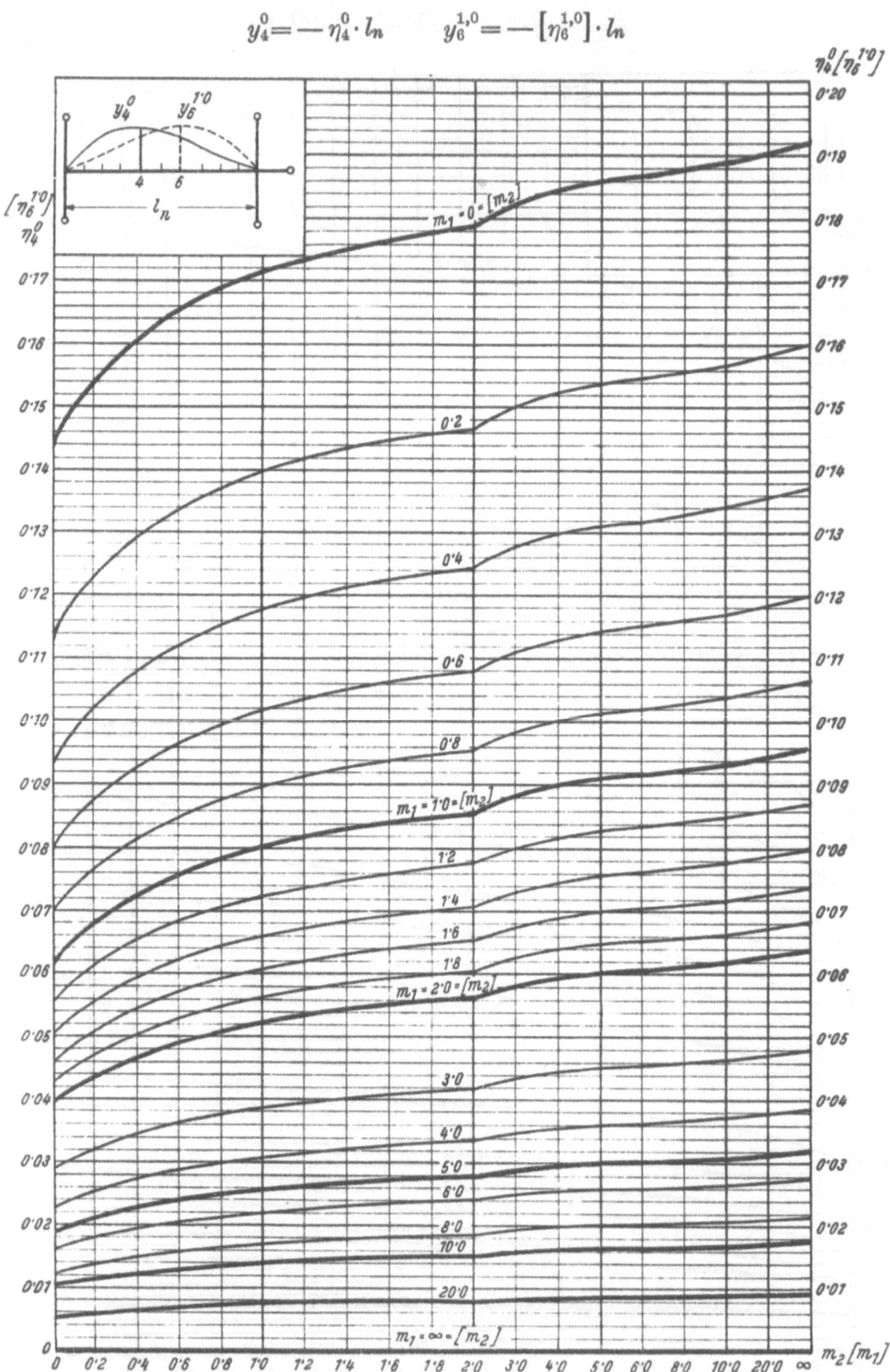

E. L. für Stützmoment in $x = 0$ und $x = 1{,}0\,l_n$

$$y_5^0 = -\eta_5^0 \cdot l_n \qquad y_5^{1,0} = -[\eta_5^{1,0}] \cdot l_n$$

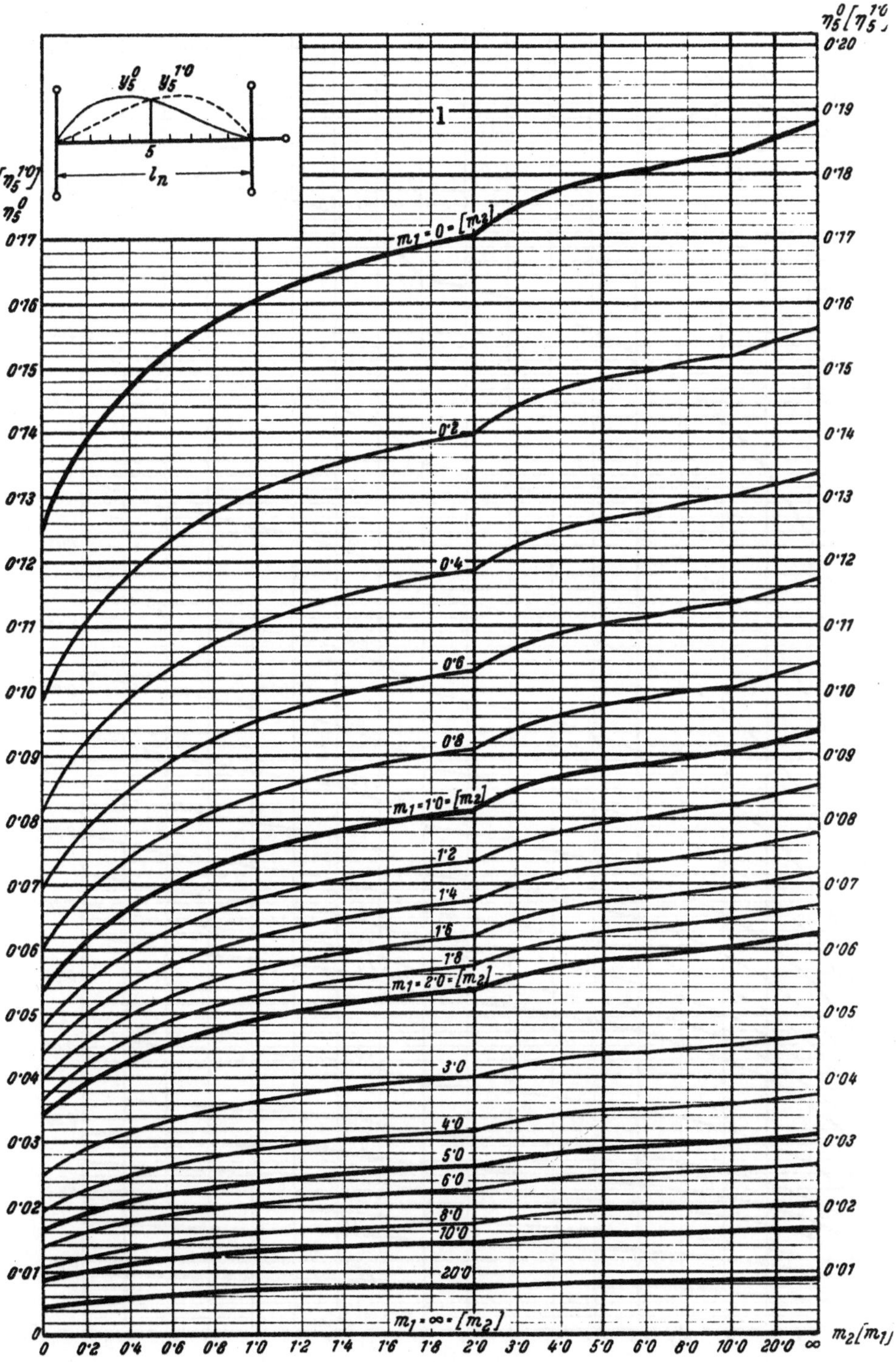

Tafel 19

E. L. für Stützmoment in $x = 0$ und $x = 1{,}0\, l_n$

$$y_6^0 = -\eta_6^0 \cdot l_n \qquad y_4^{1,0} = -\left[\eta_4^{1,0}\right] \cdot l_n$$

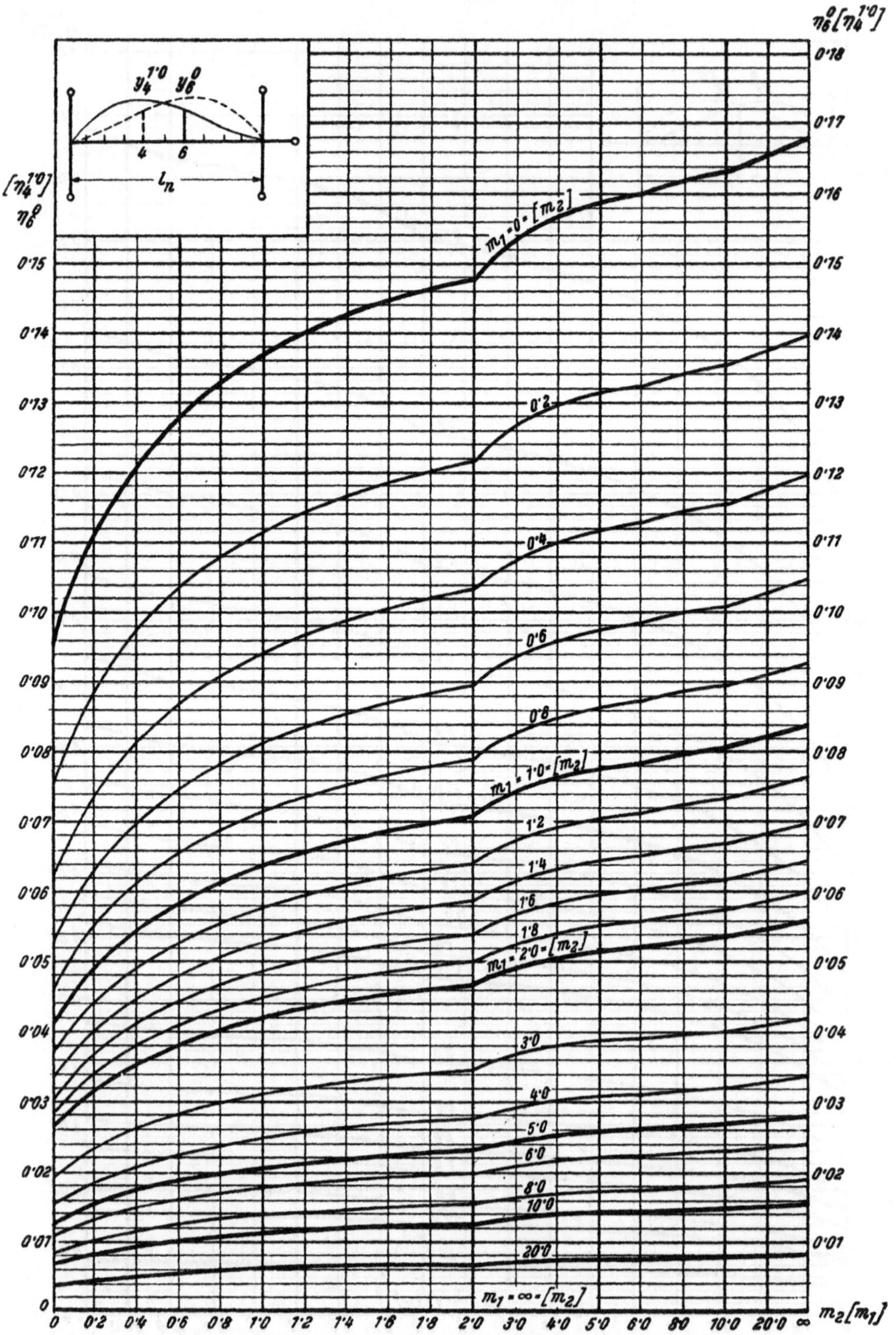

E. L. für Stützmoment in $x = 0$ und $x = 1{,}0\,l_n$

$$y_7^0 = -\eta_7^0 \cdot l_n \qquad y_3^{1,0} = -[\eta_3^{1,0}] \cdot l_n$$

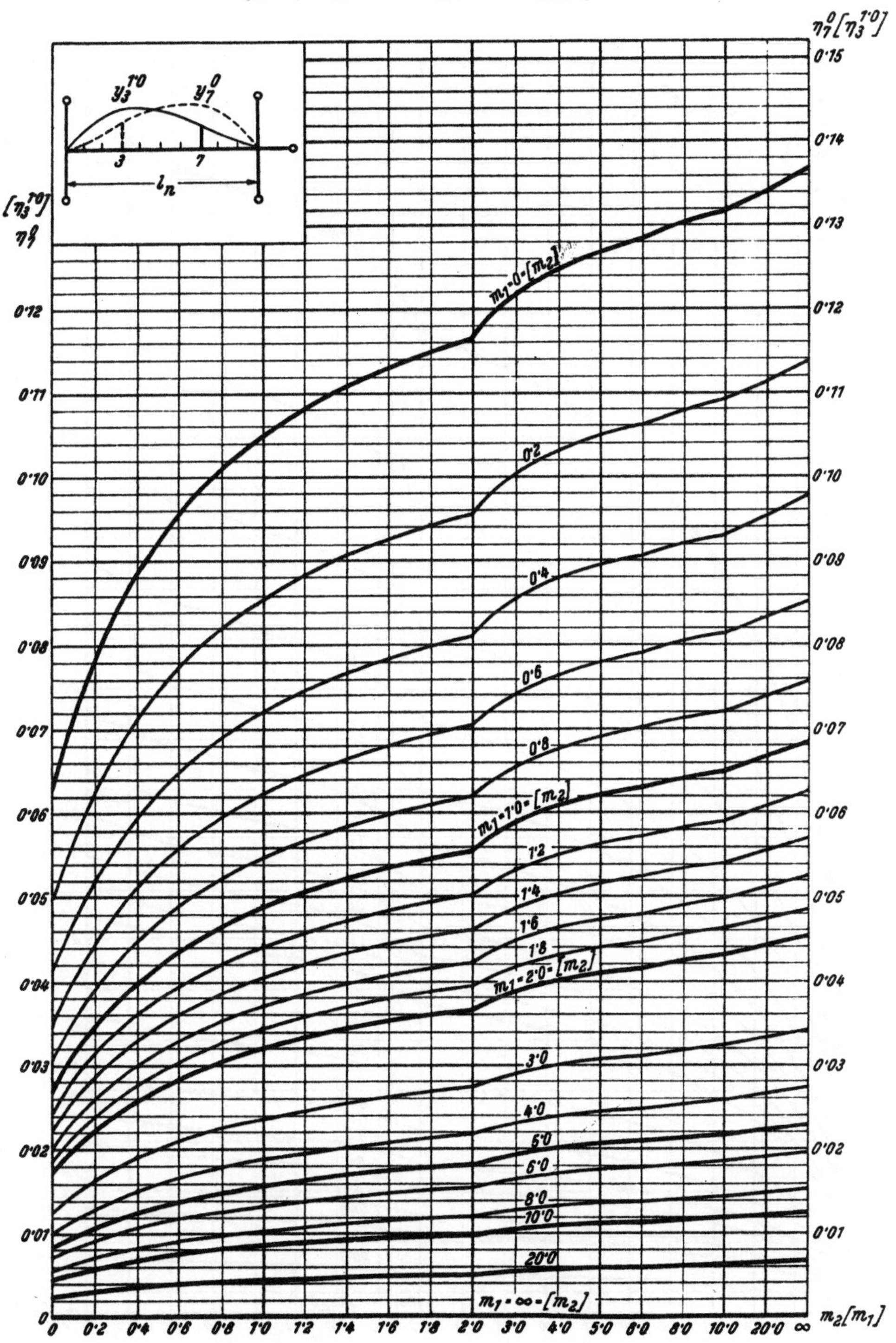

E. L. für Stützmoment in $x = 0$ und $x = 1{,}0\,l_n$

$$y_8^0 = -\eta_8^0 \cdot l_n \qquad y_2^{1,0} = -[\eta_2^{1,0}] \cdot l_n$$

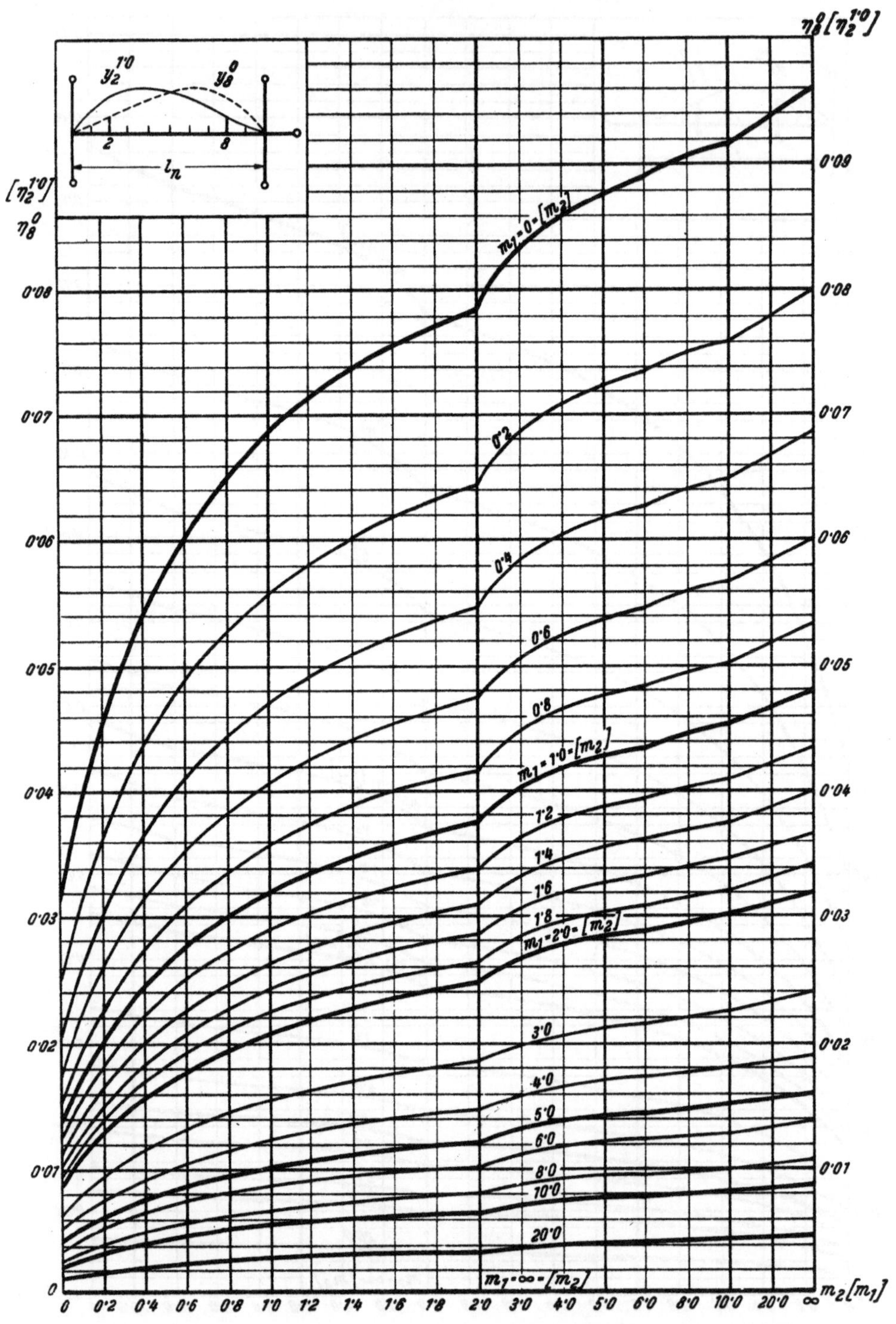

E. L. für Stützmoment in $x = 0$ und $x = 1{,}0\, l_n$

$$y_9^0 = -\eta_9^0 \cdot l_n \qquad y_1^{1,0} = -[\eta_1^{1,0}] \cdot l_n$$

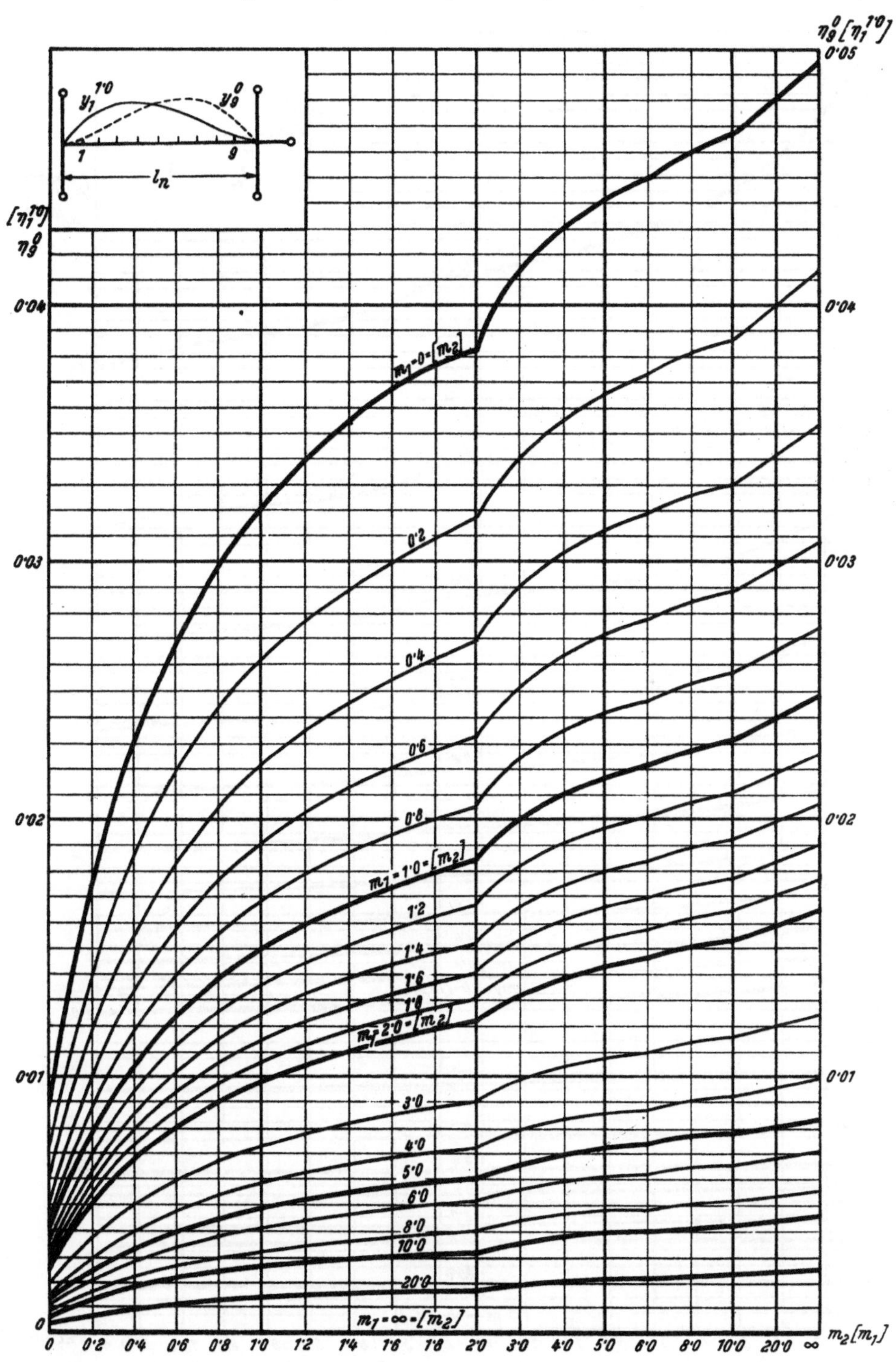

Tafel 23

Anschlußmomente μ_0^{links} und $[\mu_{1,0}^{\text{rechts}}]$

zur Bestimmung der E. L. in den Anschlußfeldern für das Stützmoment in $x=0{,}0\,l_n$ und $x=1{,}0\,l_n$

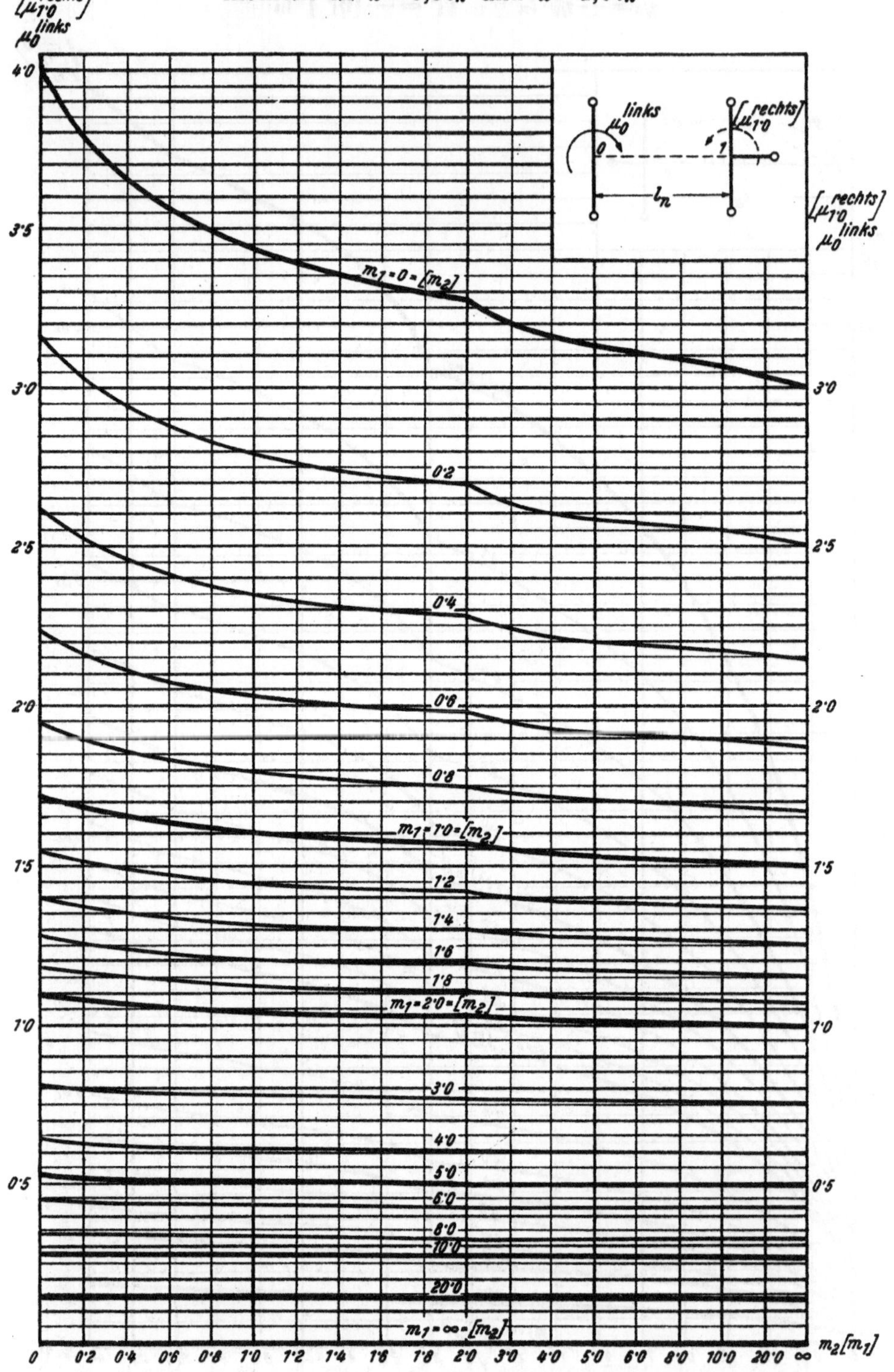

Anschlußmomente μ_0^{rechts} und $[\mu_{1,0}^{\text{links}}]$

zur Bestimmung der E. L. in den Anschlußfeldern für das Stützmoment in $x = 0{,}0\, l_n$ und $x = 1{,}0\, l_n$

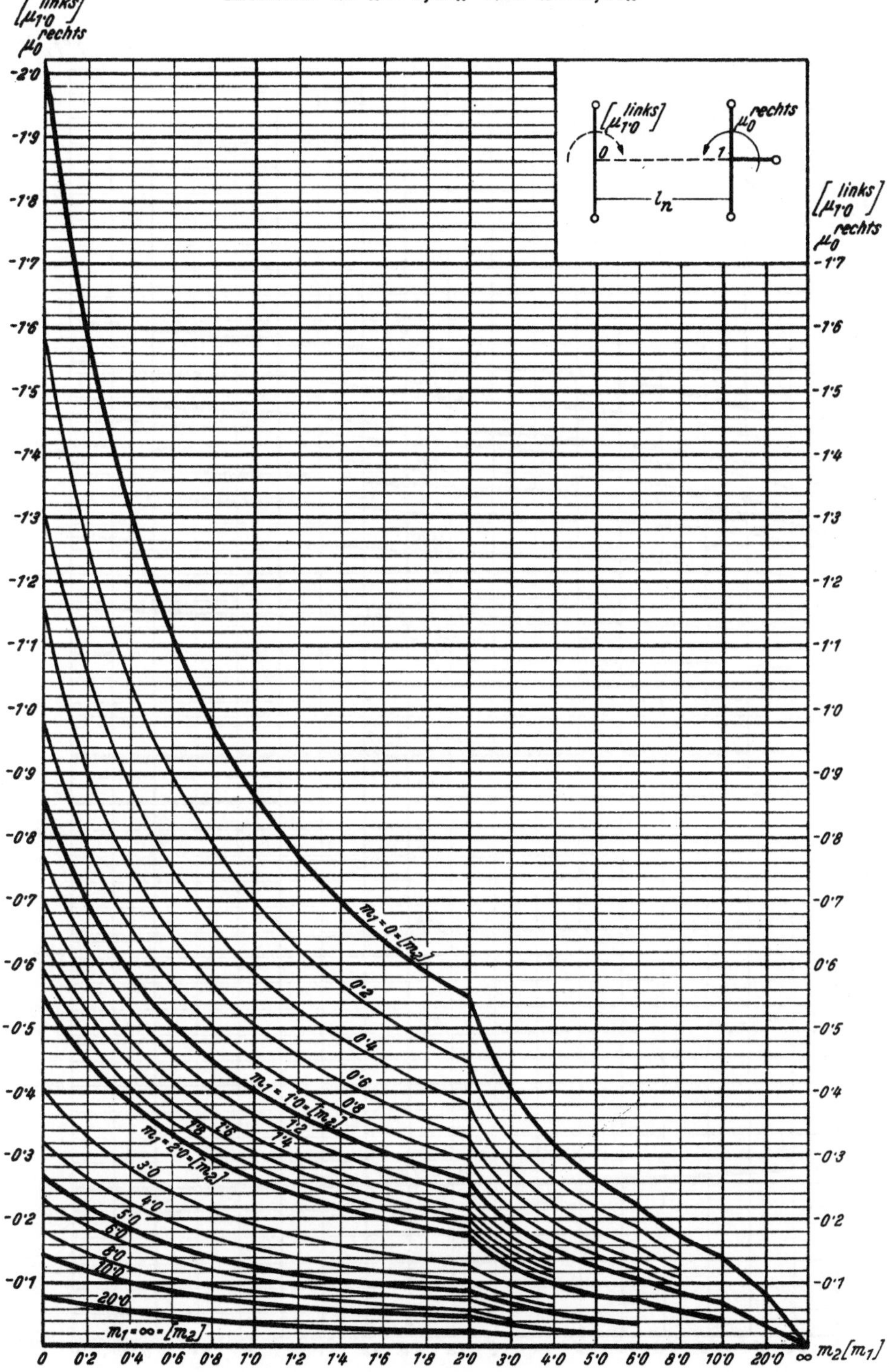

E. L. für Feldmoment in $x = 0{,}2\,l_n$ und $x = 0{,}8\,l_n$

$$y_1^{0,2} = \eta_1^{0,2} \cdot l_n \qquad y_9^{0,8} = [\eta_9^{0,8}] \cdot l_n$$

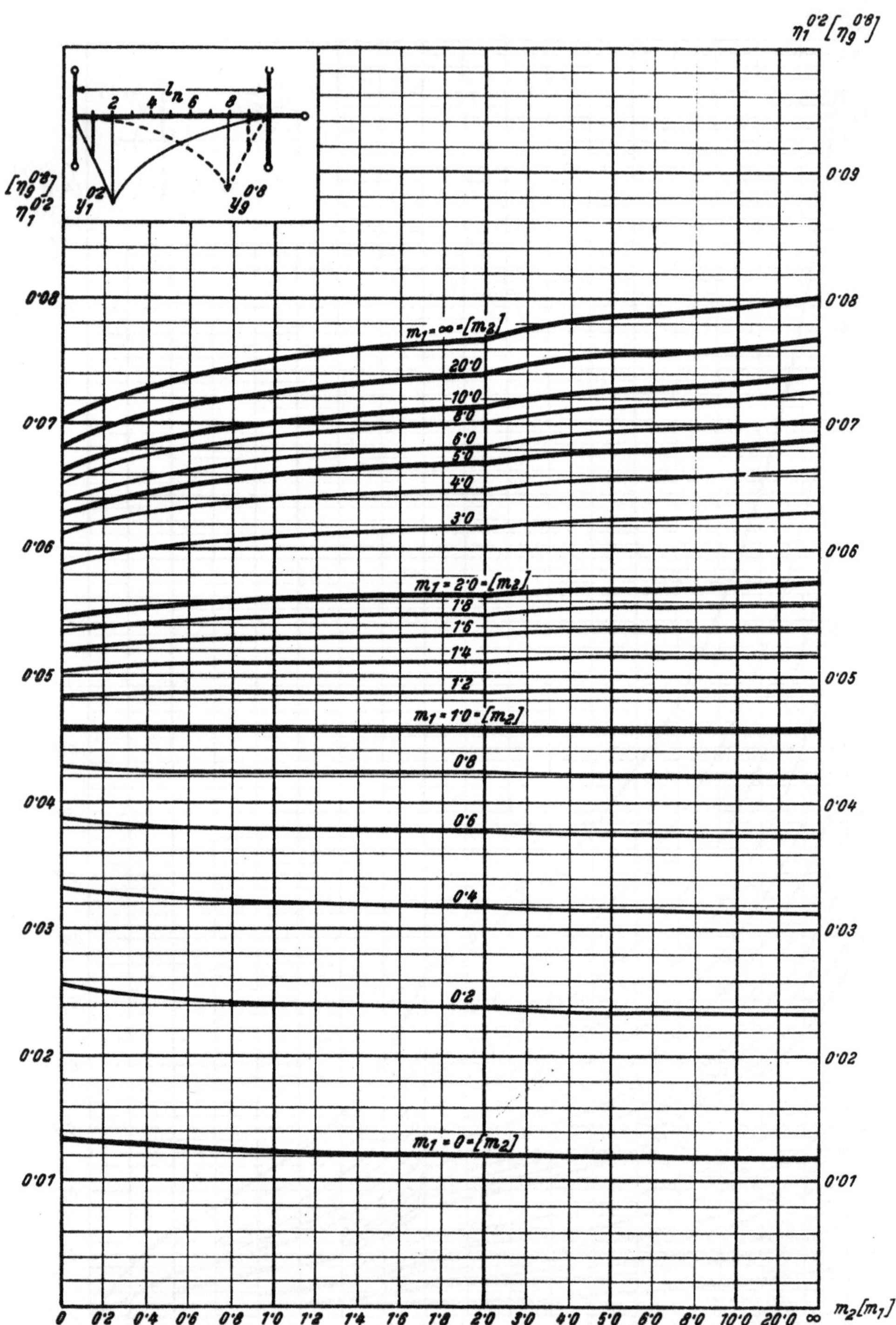

E. L. für Feldmoment in $x = 0{,}2\, l_n$ und $x = 0{,}8\, l_n$

$y_2^{0,2} = \eta_2^{0,2} \cdot l_n \qquad y_8^{0,8} = [\eta_8^{0,8}]\, l_n$

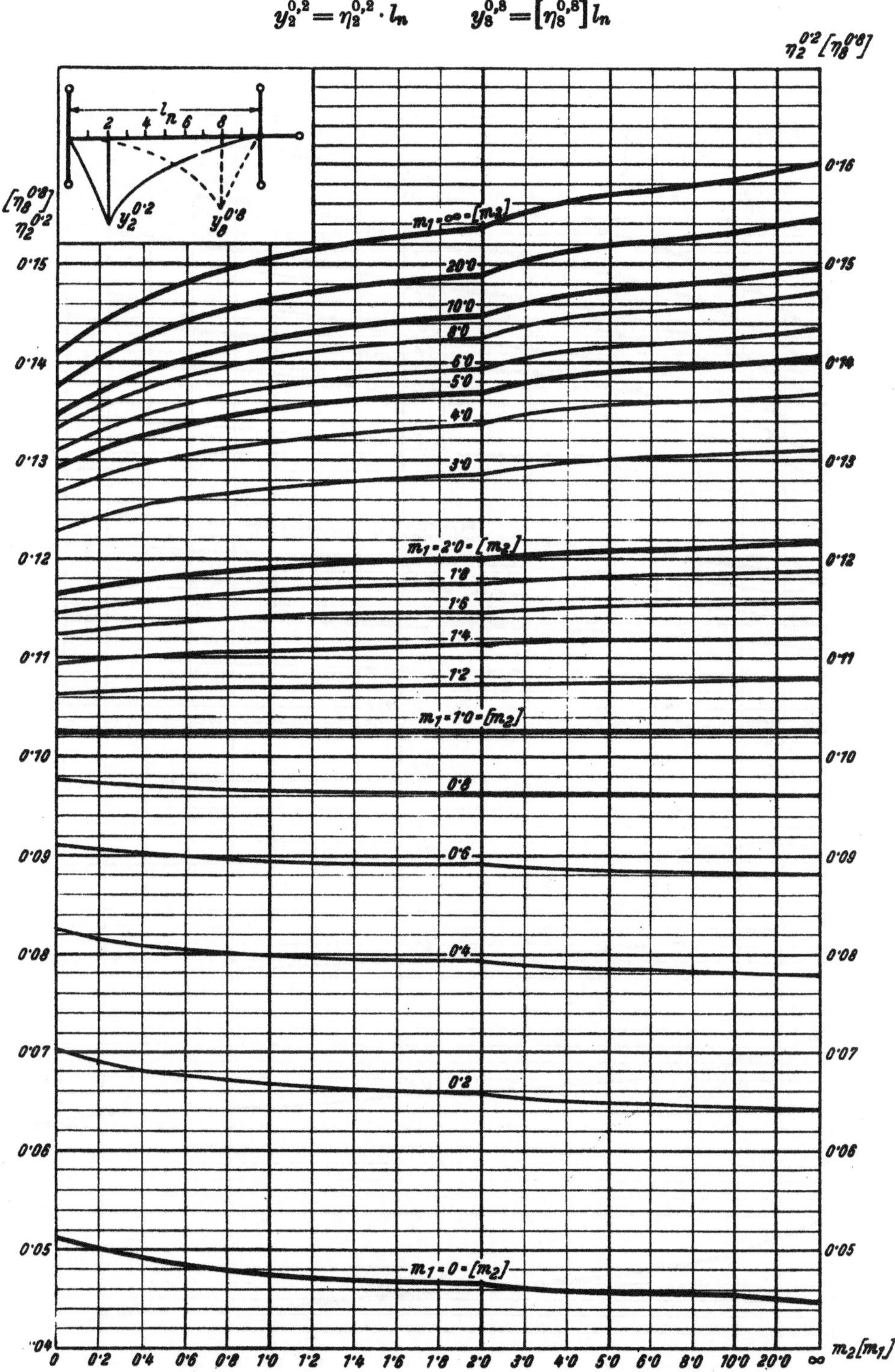

Tafel 27

E. L. für Feldmoment in $x = 0{,}2\,l_n$ und $x = 0{,}8\,l_n$

$$y_3^{0,2} = \eta_3^{0,2} \cdot l_n \qquad y_7^{0,8} = [\eta_7^{0,8}] \cdot l_n$$

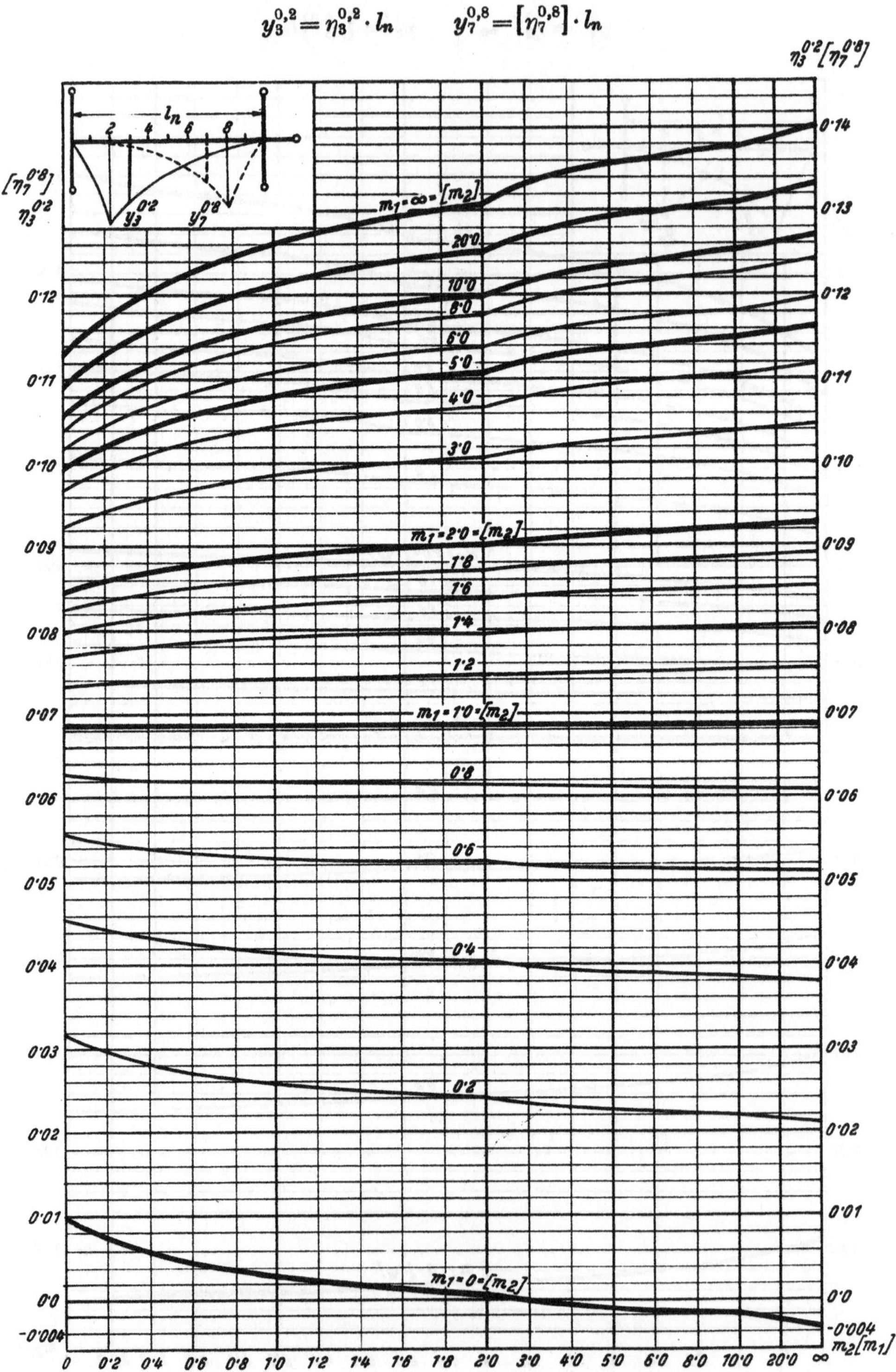

E. L. für Feldmoment in $x = 0{,}2\, l_n$ und $x = 0{,}8\, l_n$

$$y_4^{0,2} = \eta_4^{0,2} \cdot l_n \qquad y_6^{0,8} = [\eta_6^{0,8}] \cdot l_n$$

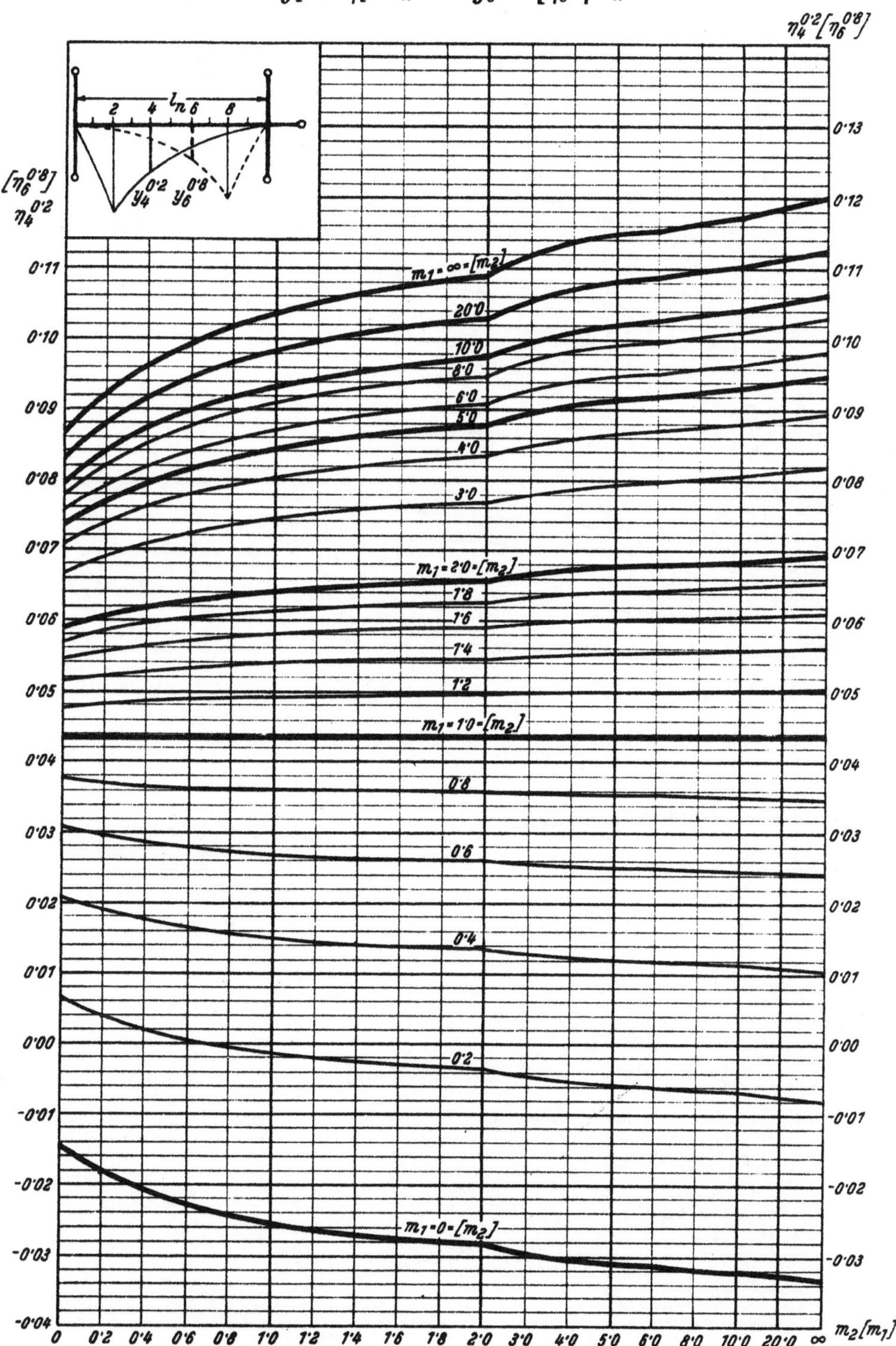

E. L. für Feldmoment in $x = 0{,}2\,l_n$ und $x = 0{,}8\,l_n$

$$y_5^{0,2} = \eta_5^{0,2} \cdot l_n \qquad y_5^{0,8} = [\eta_5^{0,8}] \cdot l_n$$

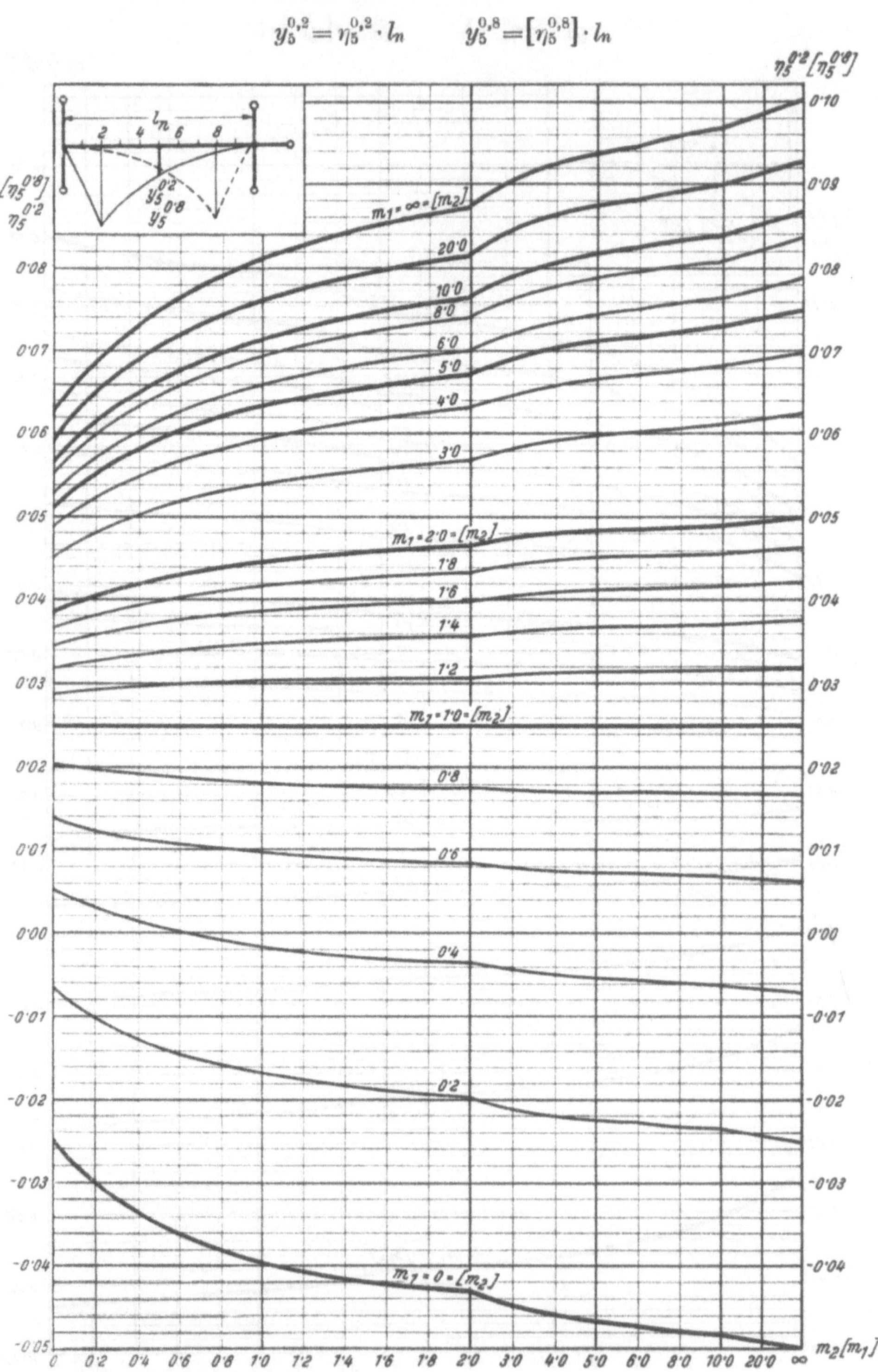

E. L. für Feldmoment in $x = 0{,}2\, l_n$ und $x = 0{,}8\, l_n$

$y_6^{0,2} = \eta_6^{0,2} \cdot l_n \qquad y_4^{0,8} = [\eta_4^{0,8}]\, l_n$

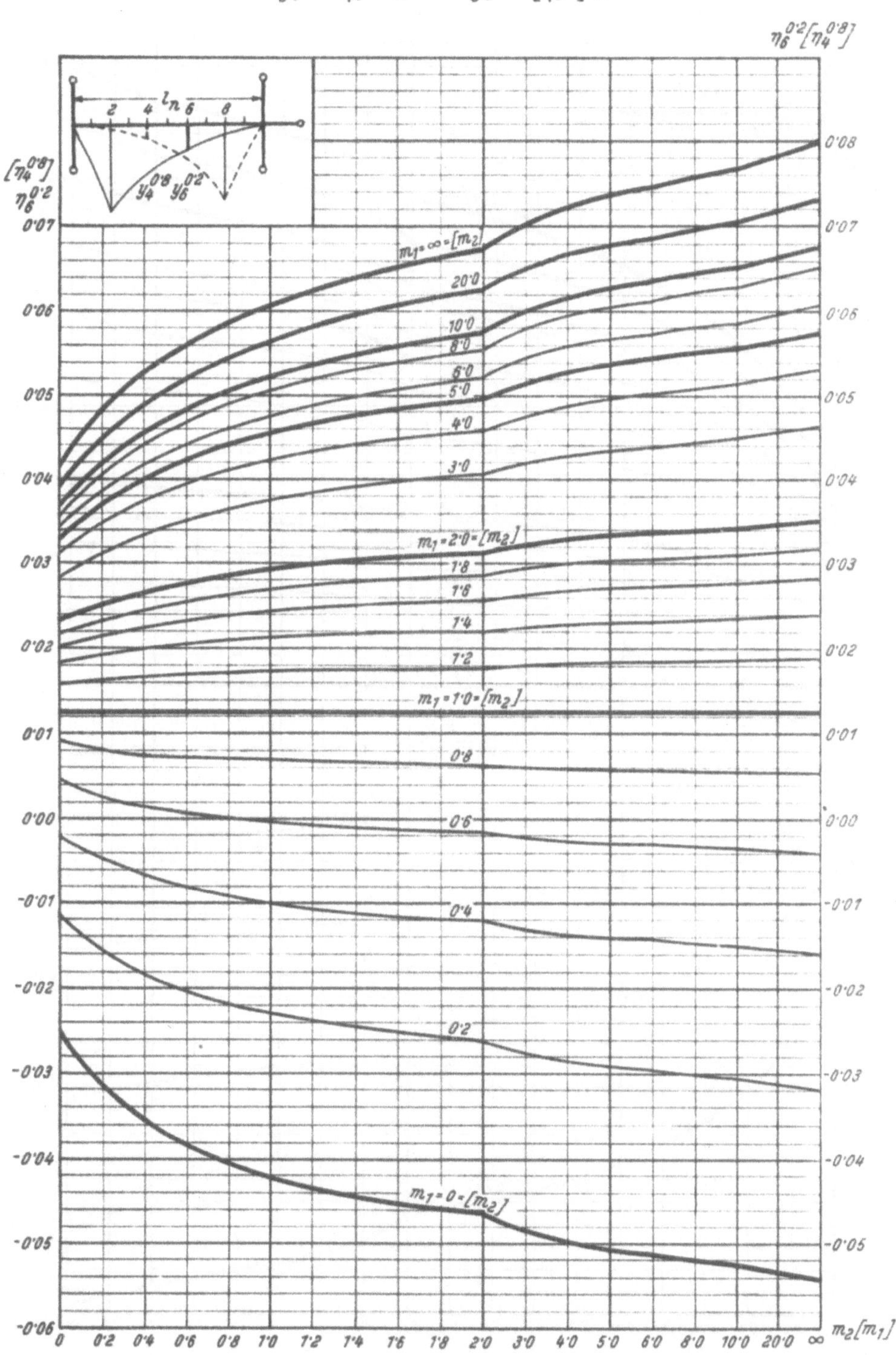

E. L. für Feldmoment in $x = 0{,}2\,l_n$ und $x = 0{,}8\,l_n$

$$y_7^{0,2} = \eta_7^{0,2} \cdot l_n \qquad y_3^{0,8} = [\eta_3^{0,8}]\, l_n$$

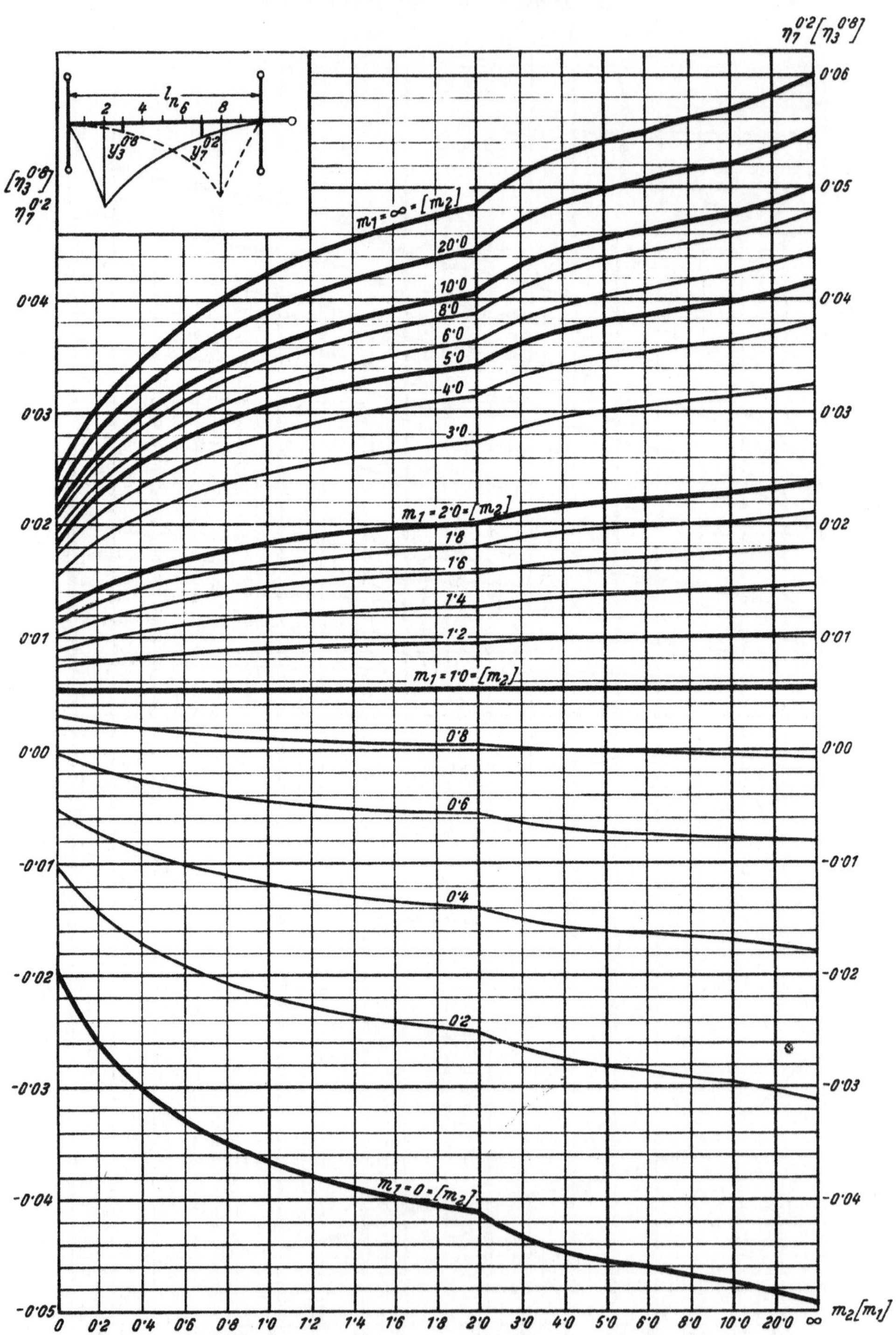

E. L. für Feldmoment in $x = 0{,}2\,l_n$ und $x = 0{,}8\,l_n$

$$y_8^{0,2} = \eta_8^{0,2} \cdot l_n \qquad y_2^{0,8} = [\eta_2^{0,8}]\, l_n$$

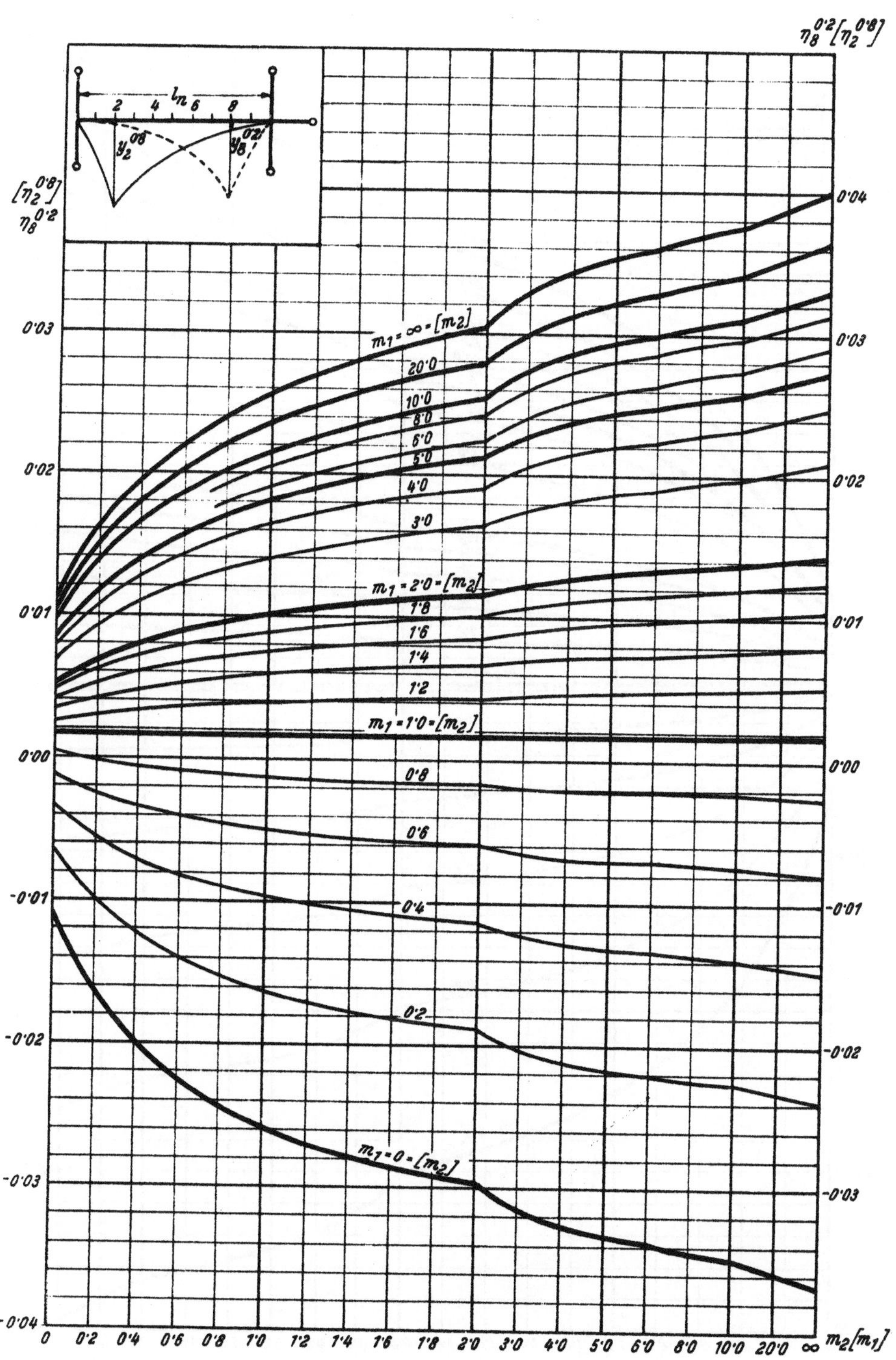

E. L. für Feldmoment in $x = 0{,}2\,l_n$ und $x = 0{,}8\,l_n$

$$y_9^{0,2} = \eta_9^{0,2} \cdot l_n \qquad y_1^{0,8} = [\eta_1^{0,8}]\, l_n$$

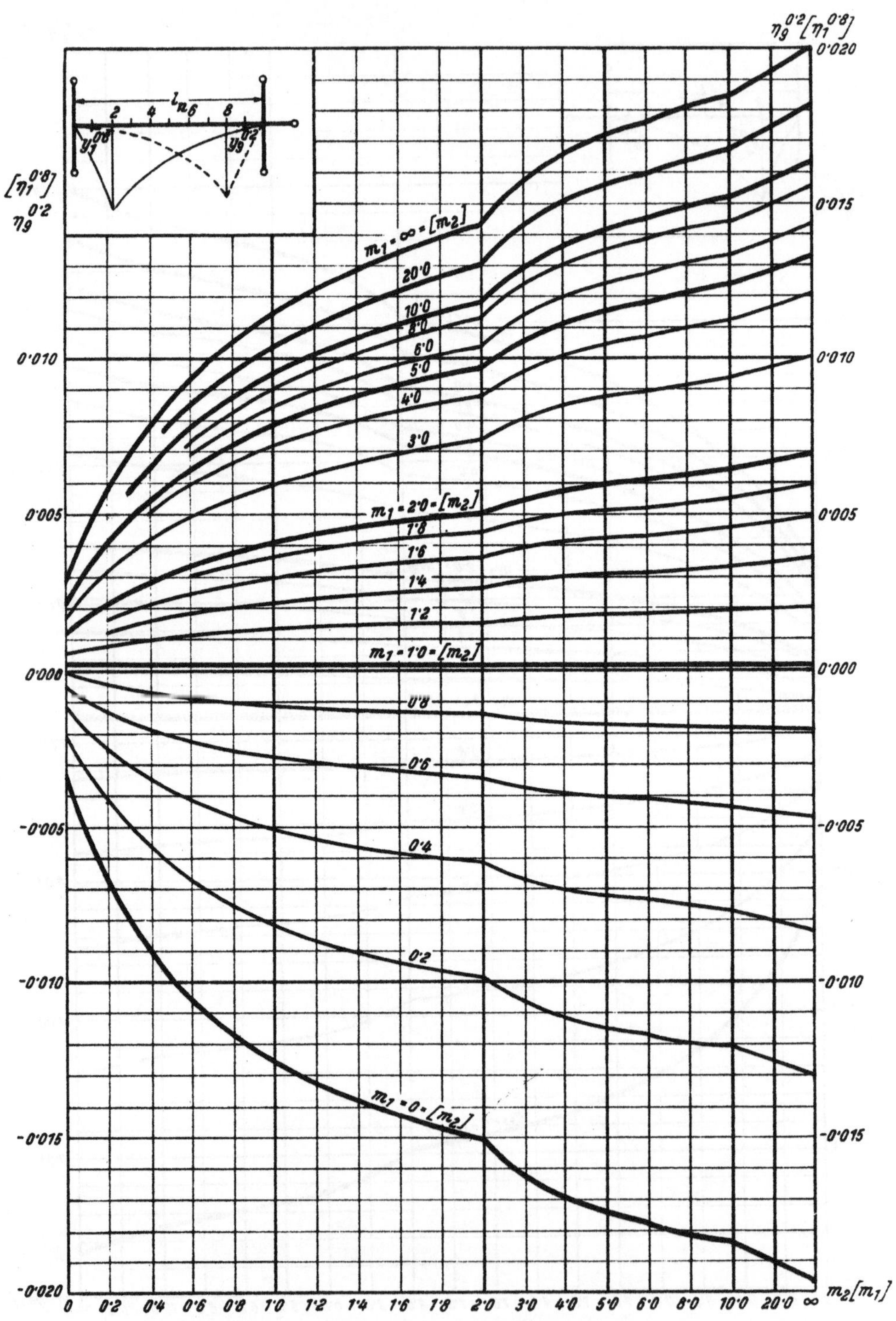

Anschlußmomente $\mu_{0,2}^{\text{links}}$ und $[\mu_{0,8}^{\text{rechts}}]$

zur Bestimmung der E. L. in den Anschlußfeldern für das Feldmoment in $x=0,2\,l_n$ und $x=0,8\,l_n$

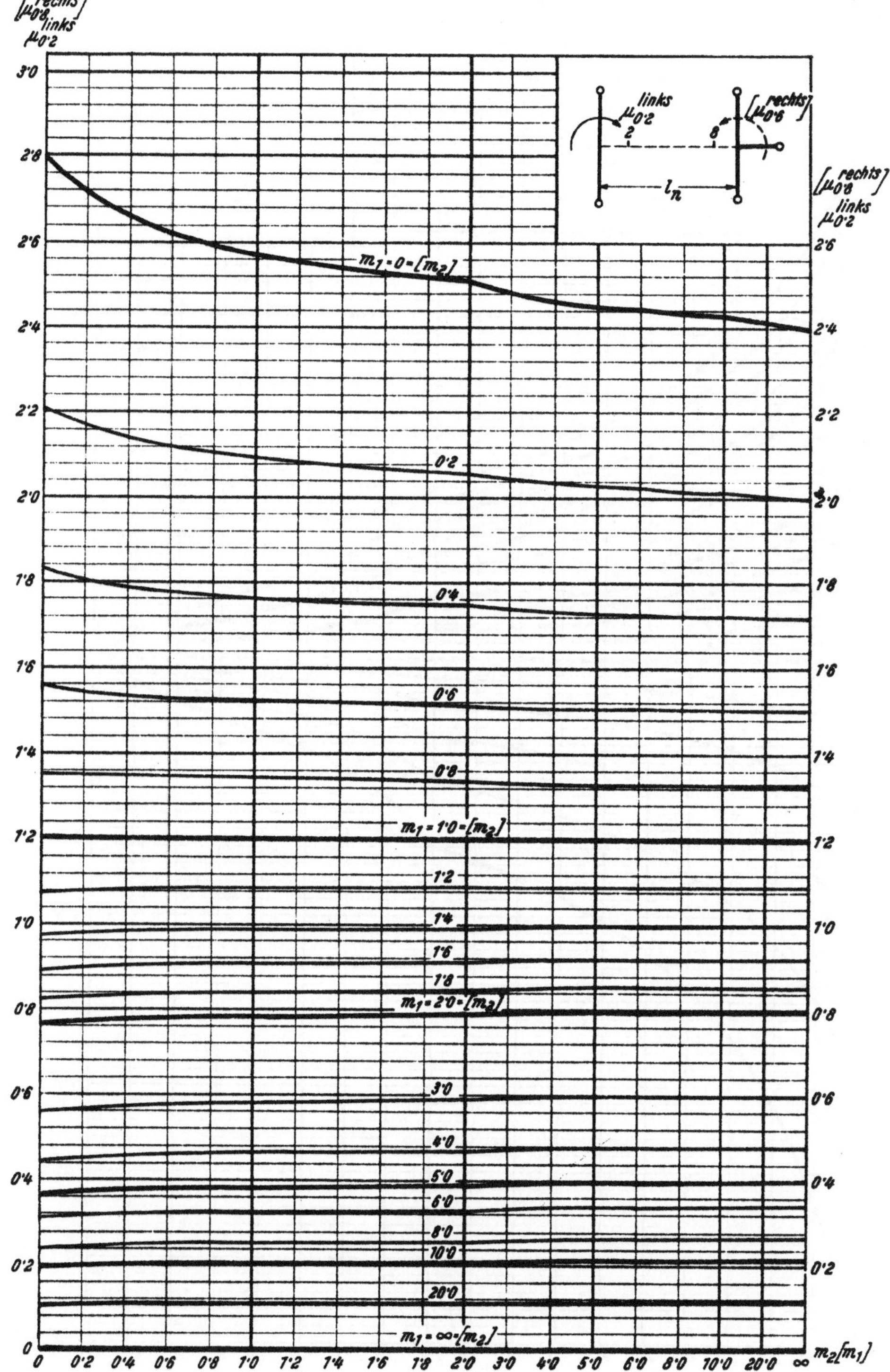

Tafel 35

Anschlußmomente $\mu_{0,2}^{\text{rechts}}$ und $[\mu_{0,8}^{\text{links}}]$

zur Bestimmung der E. L. in den Anschlußfeldern für das Feldmoment in $x = 0{,}2\, l_n$ und $x = 0{,}8\, l_n$

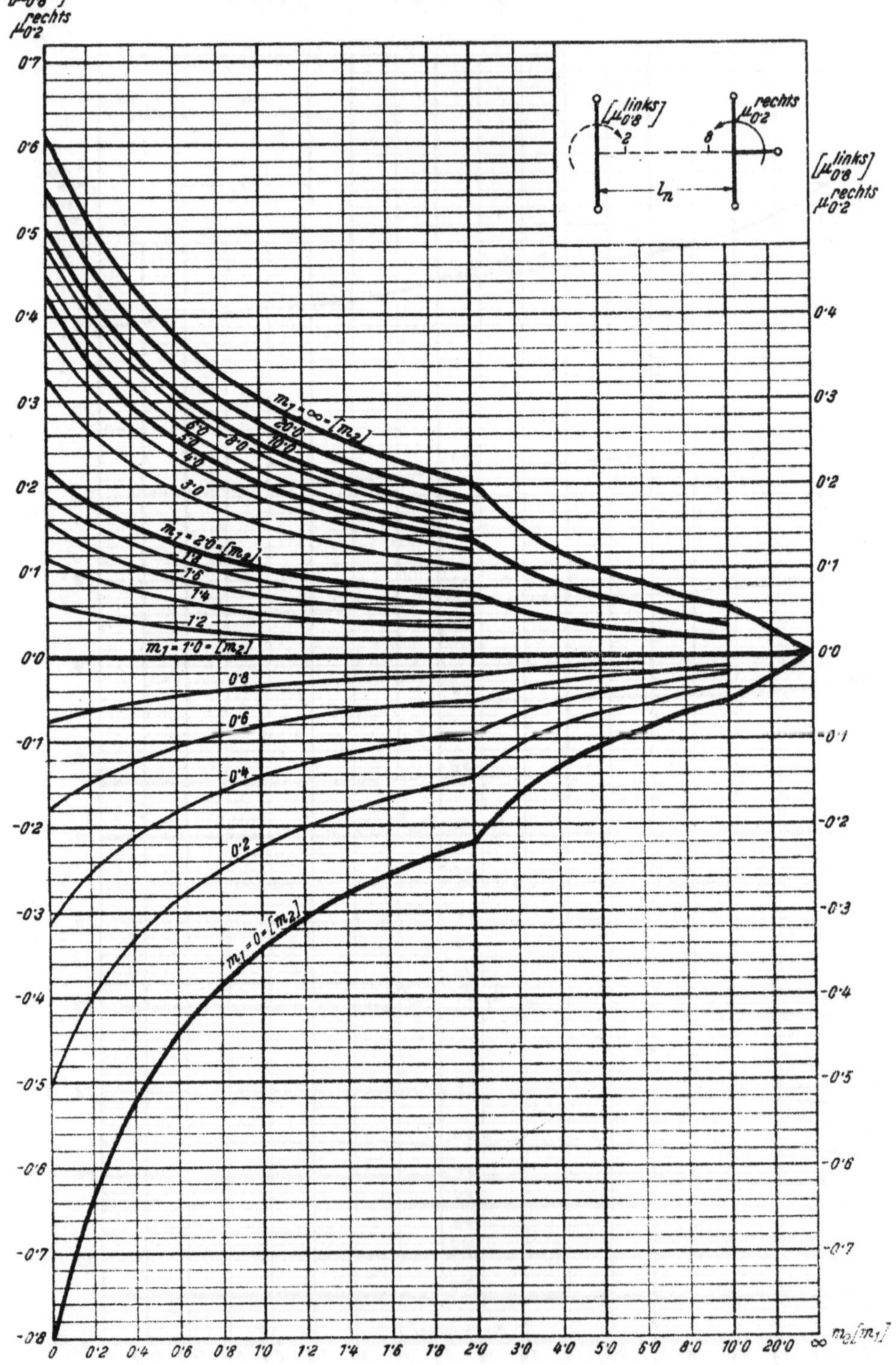

E. L. für Feldmoment in $x = 0{,}4\, l_n$ und $x = 0{,}6\, l_n$

$$y_1^{0,4} = \eta_1^{0,4} \cdot l_n \qquad y_9^{0,6} = [\eta_9^{0,6}] \cdot l_n$$

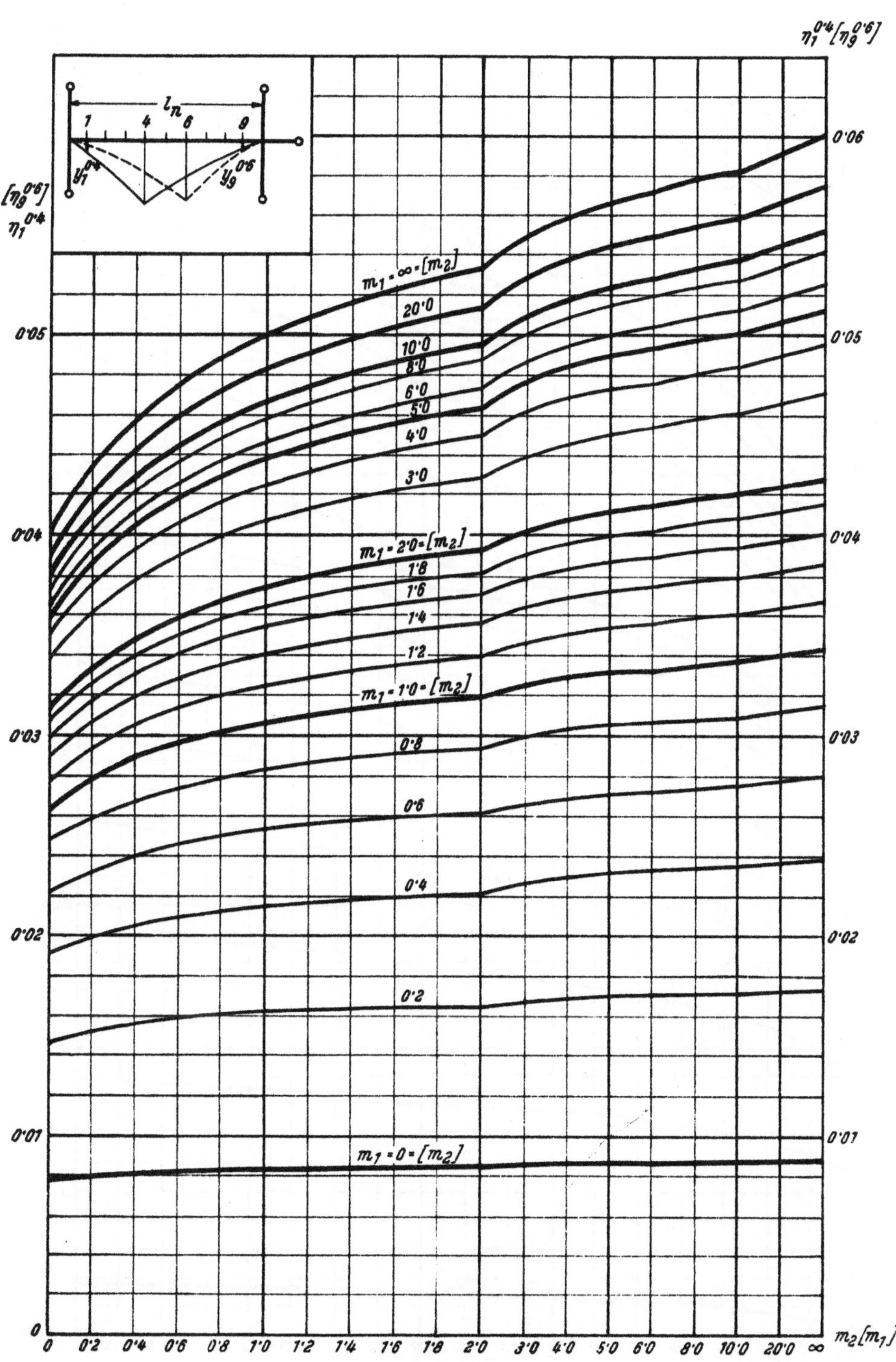

E. L. für Feldmoment in $x = 0{,}4\,l_n$ und $x = 0{,}6\,l_n$

$$y_2^{0,4} = \eta_2^{0,4} \cdot l_n \qquad y_8^{0,6} = [\eta_8^{0,6}] \cdot l_n$$

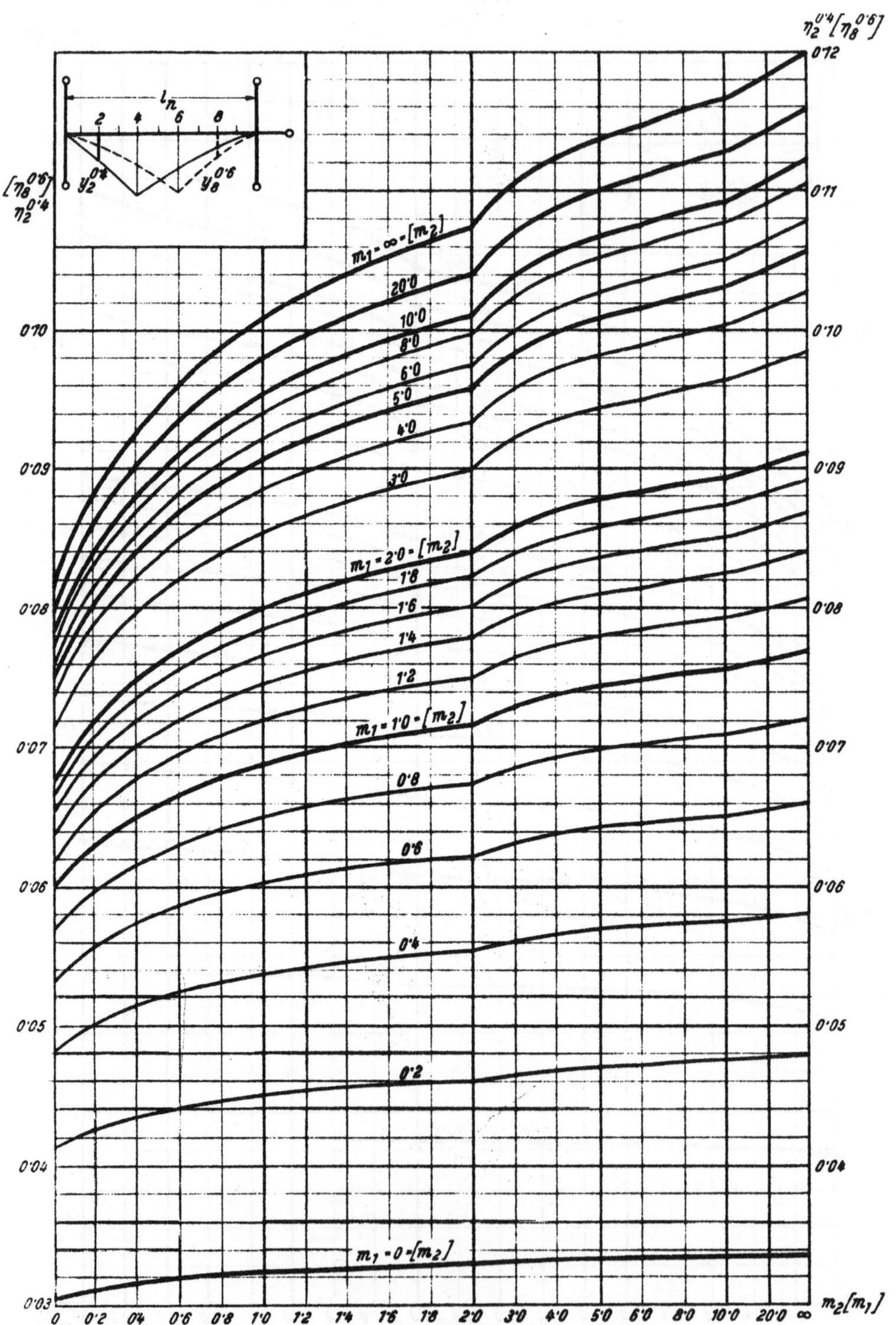

E. L. für Feldmoment in $x = 0{,}4\, l_n$ und $x = 0{,}6\, l_n$

$$y_3^{0,4} = \eta_3^{0,4}\, l_n \qquad y_7^{0,6} = [\eta_7^{0,6}]\, l_n$$

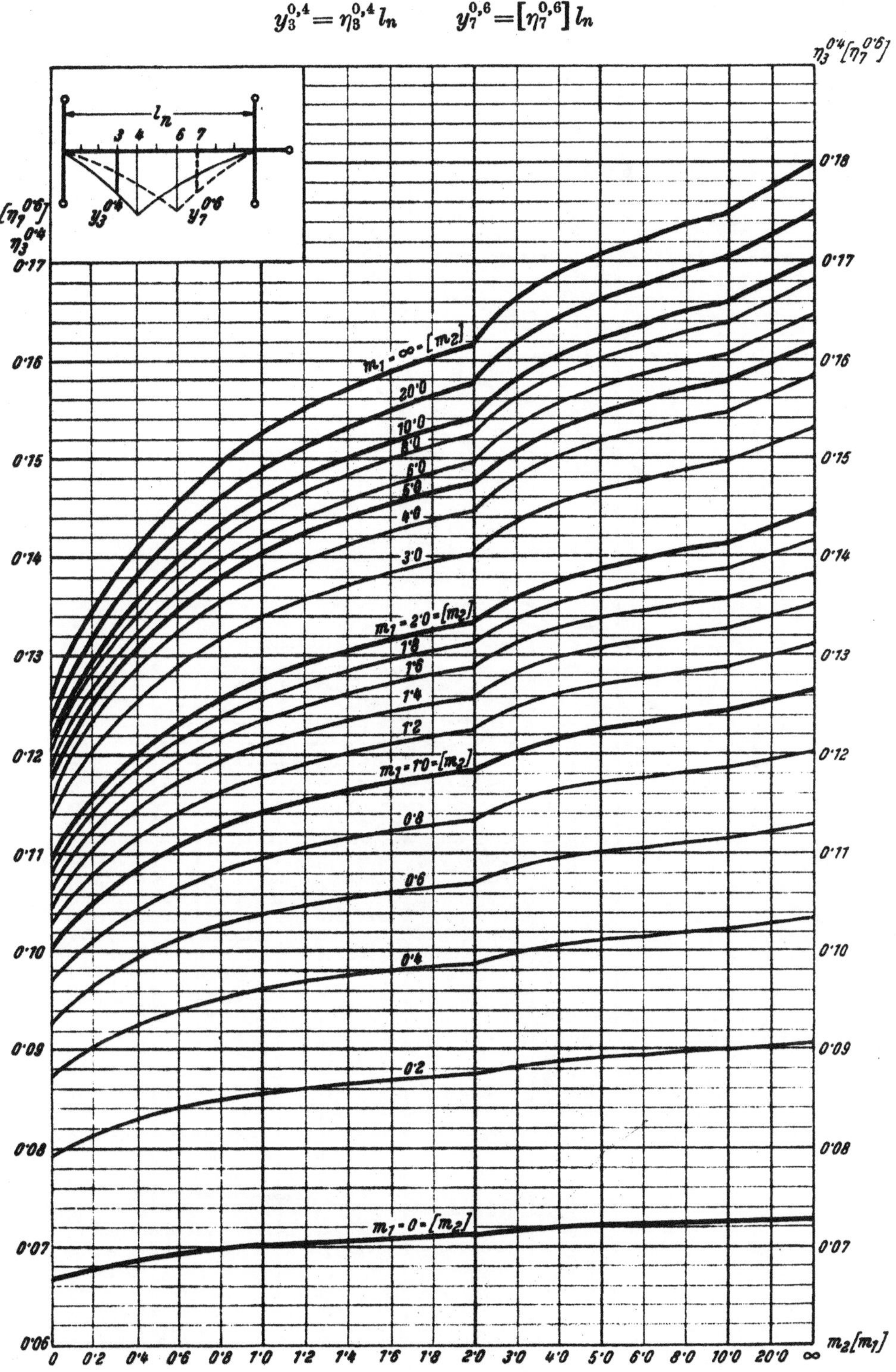

Tafel 39

E. L. für Feldmoment in $x = 0{,}4\,l_n$ und $x = 0{,}6\,l_n$

$$y_4^{0,4} = \eta_4^{0,4}\, l_n \qquad y_6^{0,6} = [\eta_6^{0,6}]\, l_n$$

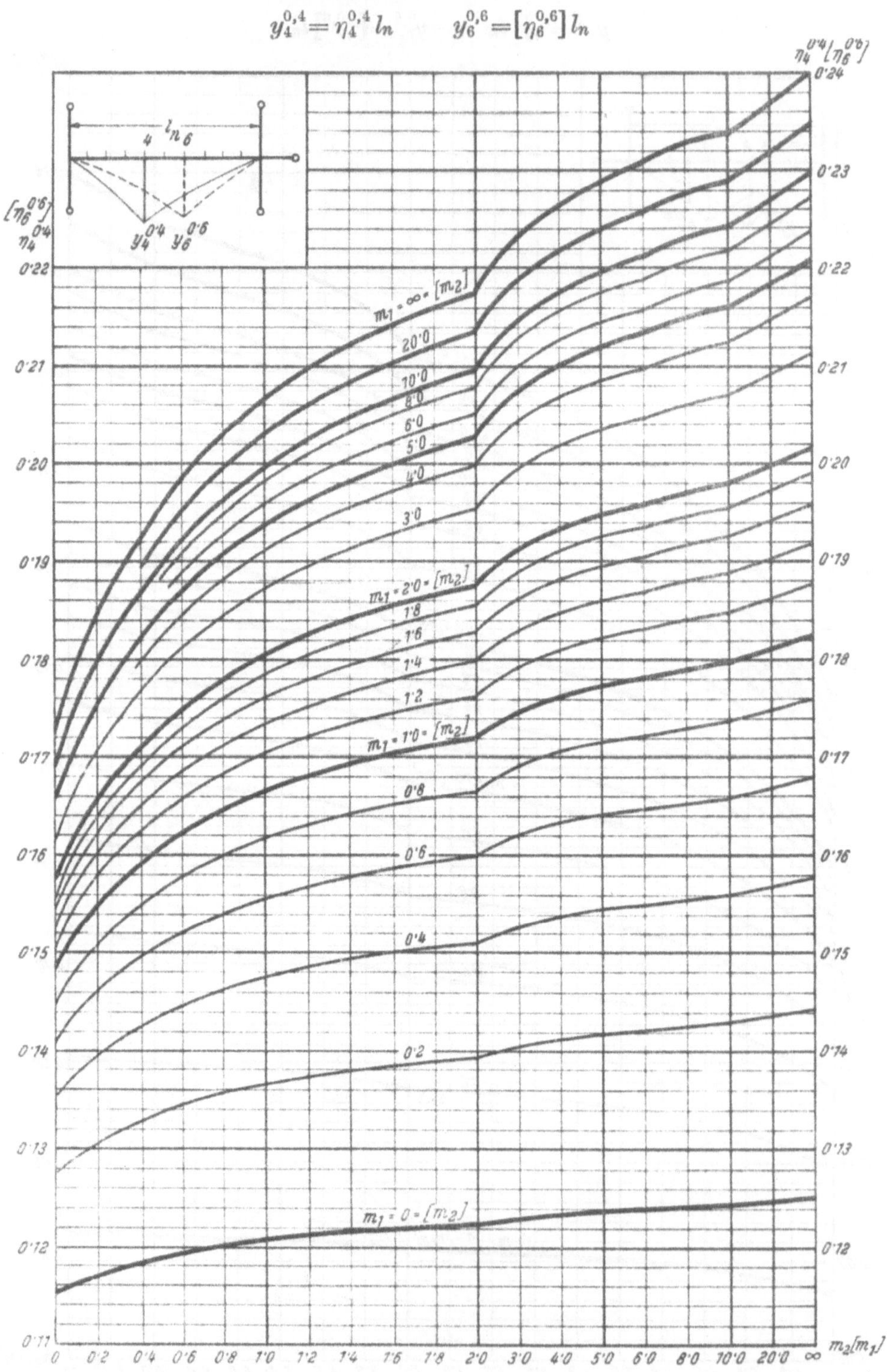

E. L. für Feldmoment in $x = 0{,}4\, l_n$ und $x = 0{,}6\, l_n$

$$y_5^{0,4} = \eta_5^{0,4}\, l_n \qquad y_5^{0,6} = [\eta_5^{0,6}]\, l_n$$

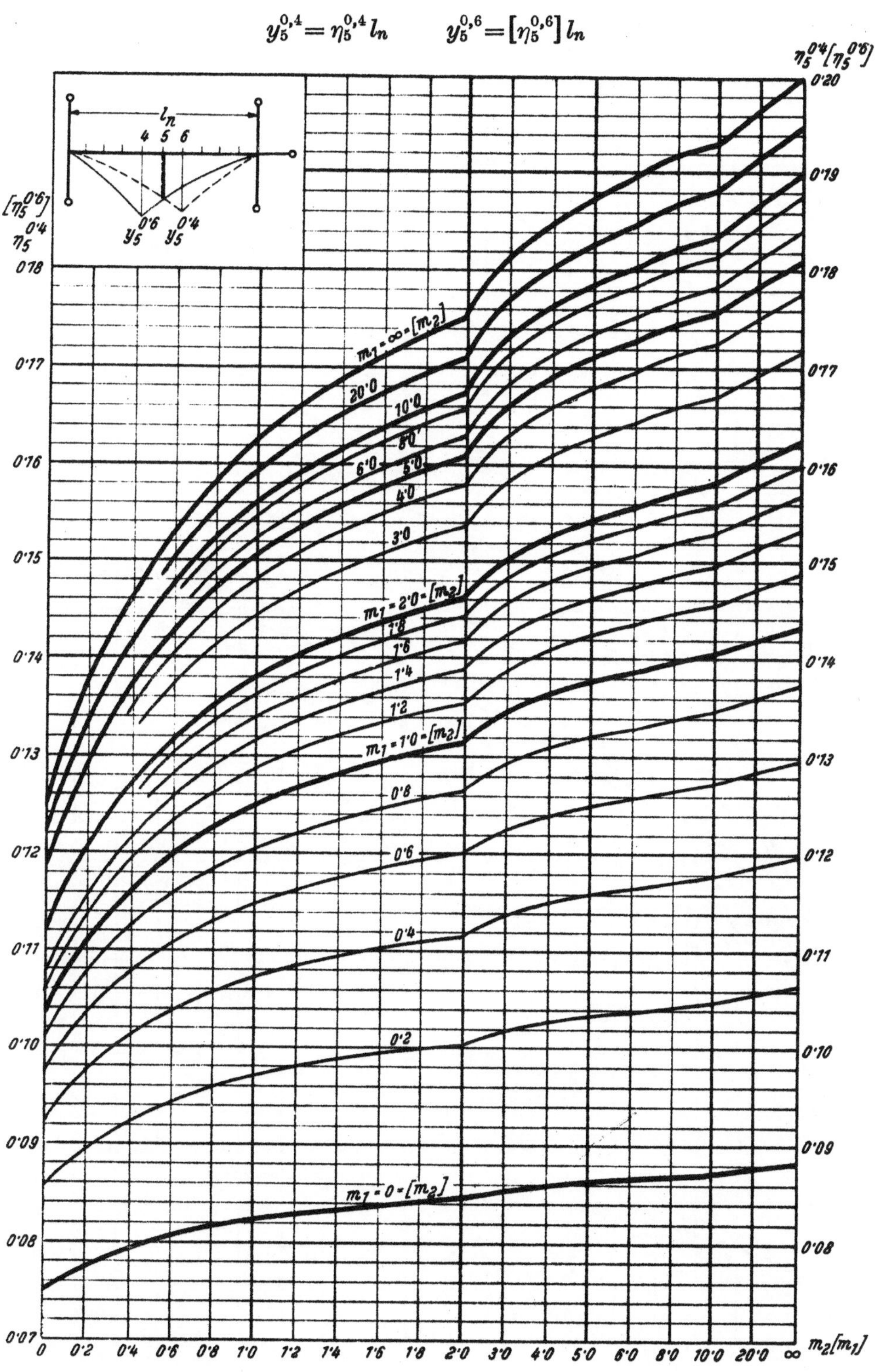

Tafel 41

E. L. für Feldmoment in $x = 0{,}4\, l_n$ und $x = 0{,}6\, l_n$

$$y_6^{0,4} = \eta_6^{0,4} \cdot l_n \qquad y_4^{0,6} = [\eta_4^{0,6}]\, l_n$$

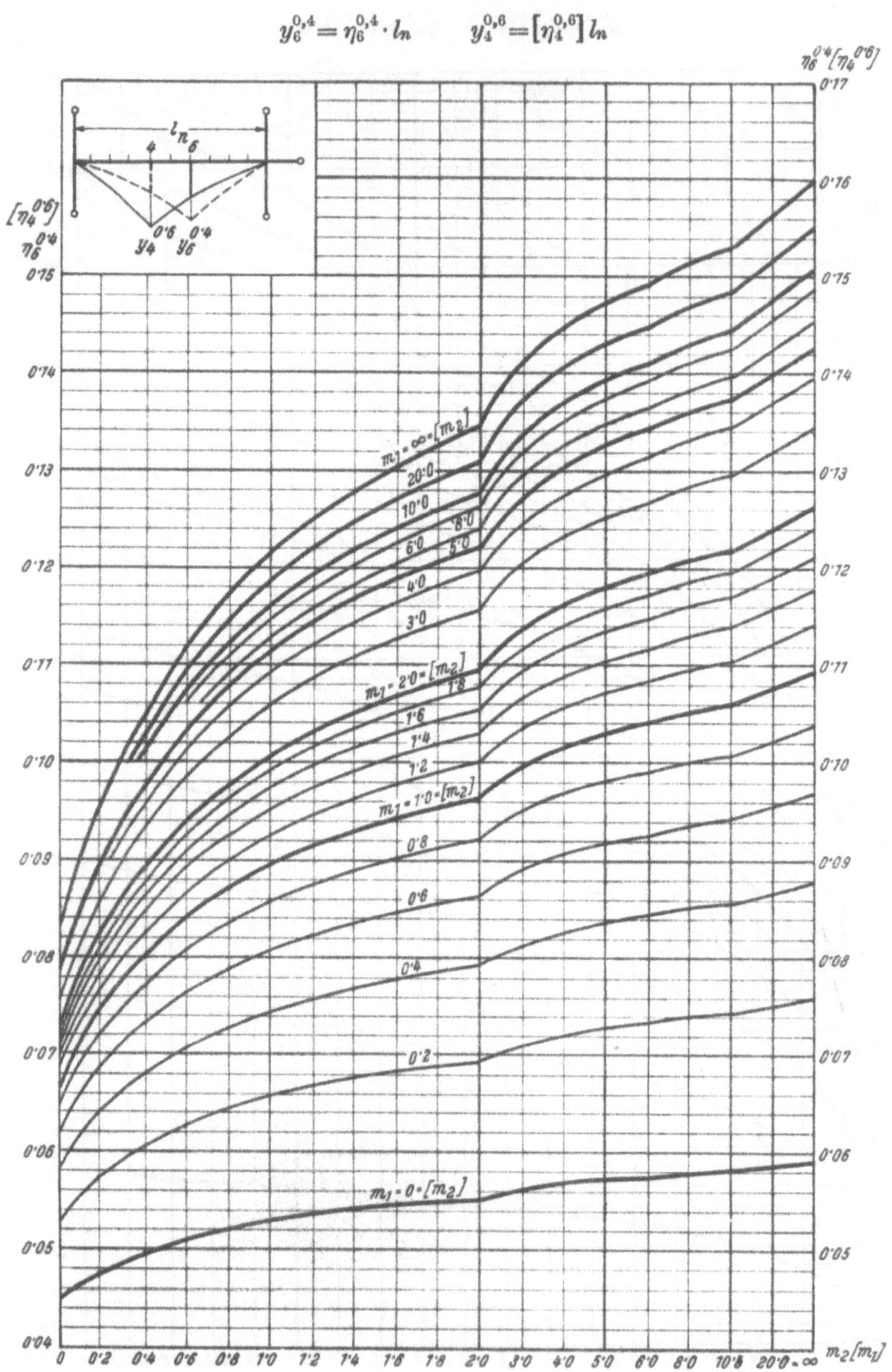

E. L. für Feldmoment in $x = 0{,}4\,l_n$ und $x = 0{,}6\,l_n$

$y_7^{0,4} = \eta_7^{0,4} \cdot l_n \qquad y_3^{0,6} = [\eta_3^{0,6}] \cdot l_n$

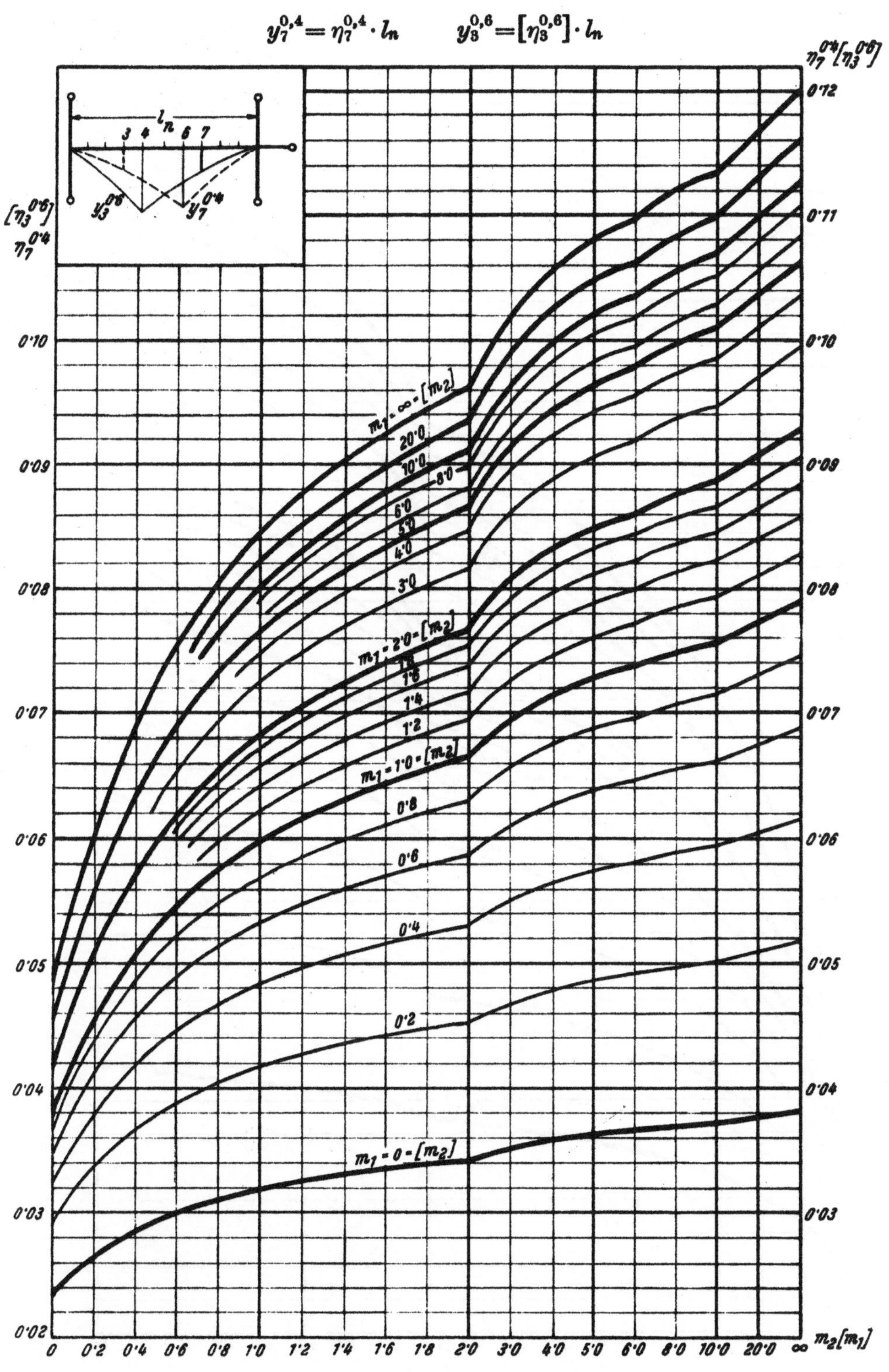

Tafel 43

E. L. für Feldmoment in $x = 0{,}4\,l_n$ und $x = 0{,}6\,l_n$

$$y_8^{0,4} = \eta_8^{0,4} \cdot l_n \qquad y_2^{0,6} = [\eta_2^{0,6}] \cdot l_n$$

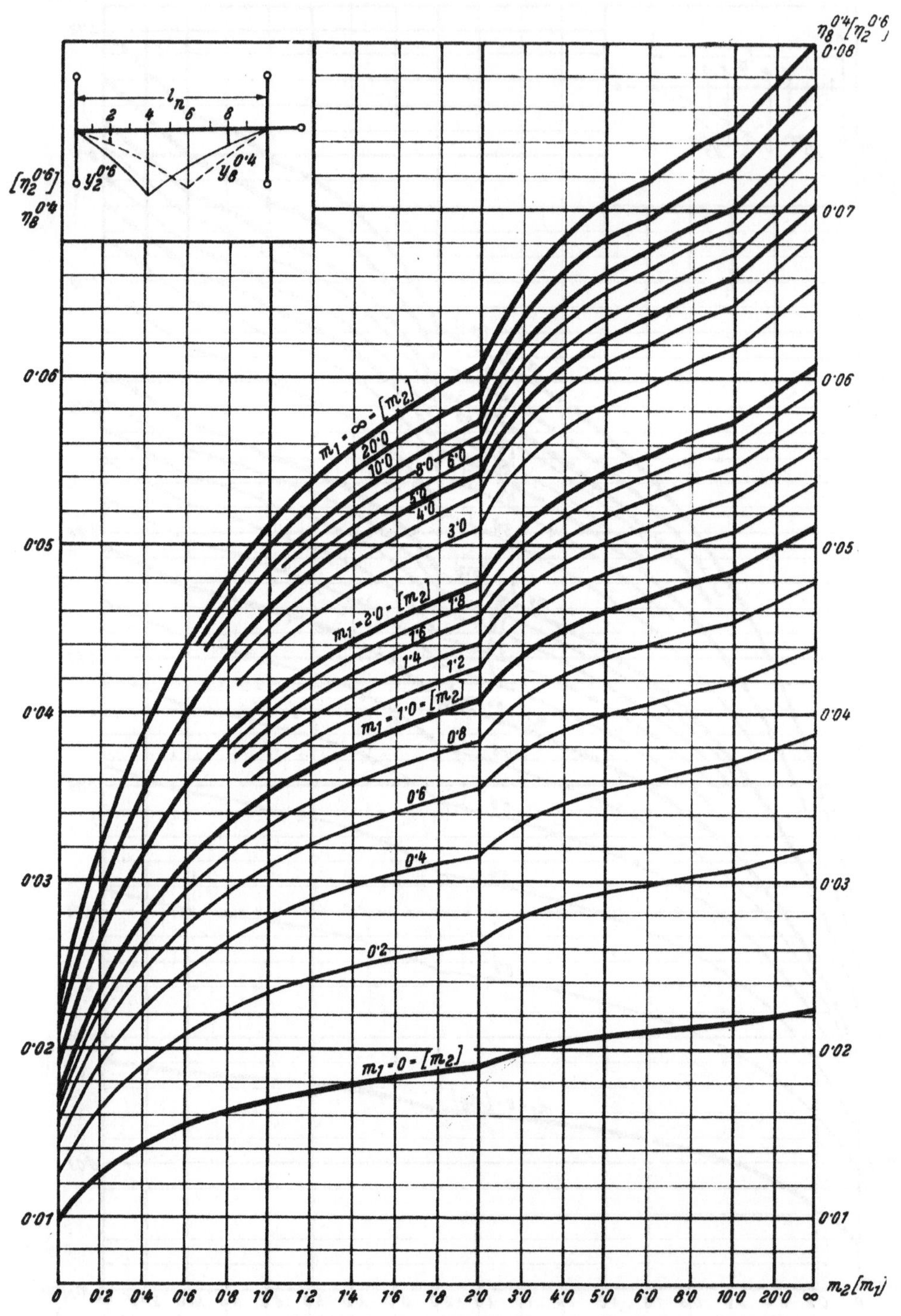

E. L. für Feldmoment in $x = 0{,}4\, l_n$ und $x = 0{,}6\, l_n$

$$y_9^{0,4} = \eta_9^{0,4} \cdot l_n \qquad y_1^{0,6} = [\eta_1^{0,6}] \cdot l_n$$

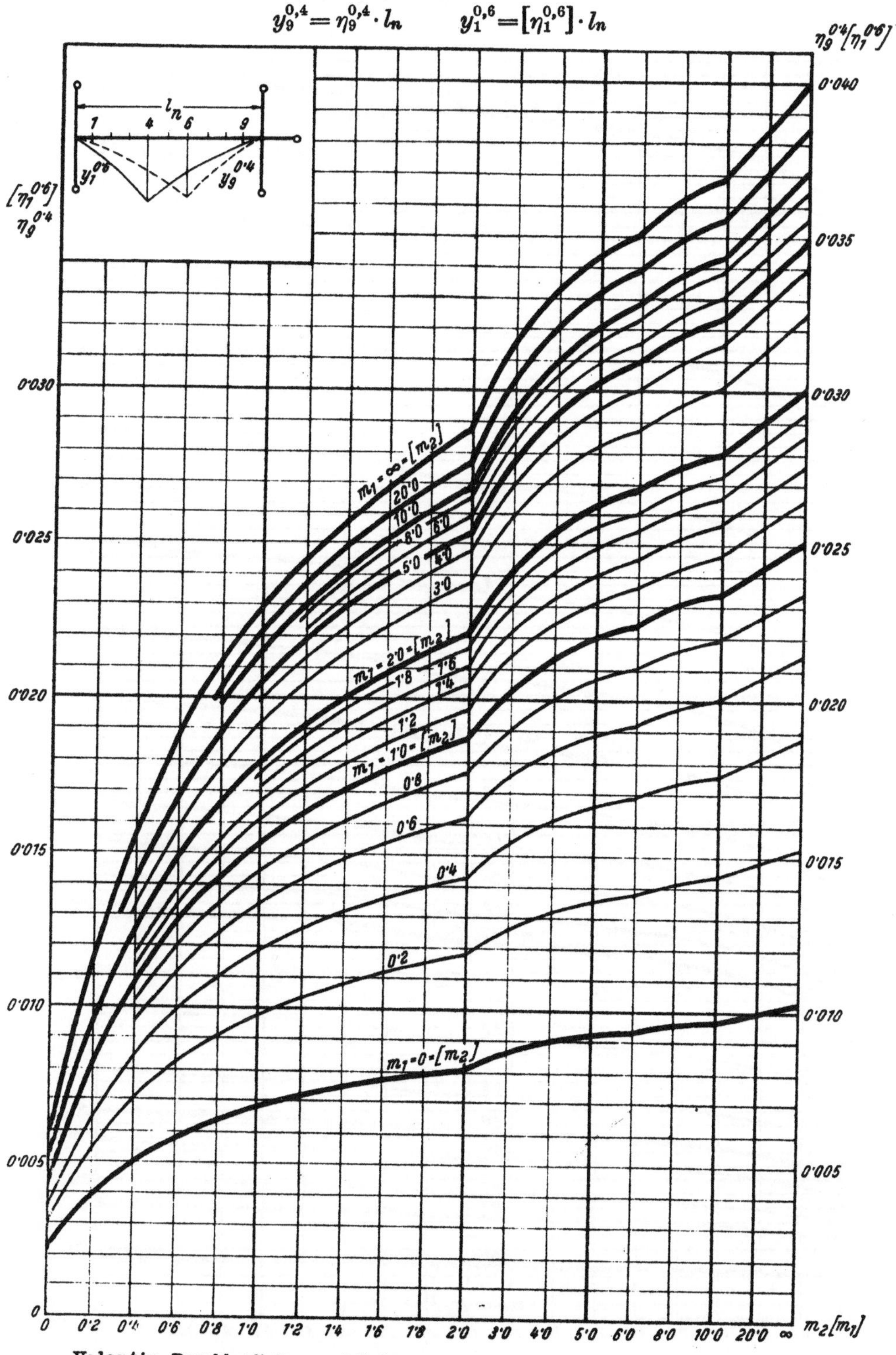

Tafel 45

Anschlußmomente $\mu_{0,4}^{\text{links}}$ und $[\mu_{0,6}^{\text{rechts}}]$

zur Bestimmung der E. L. in den Anschlußfeldern für das Feldmoment in $x=0,4\,l_n$ und $x=0,6\,l_n$

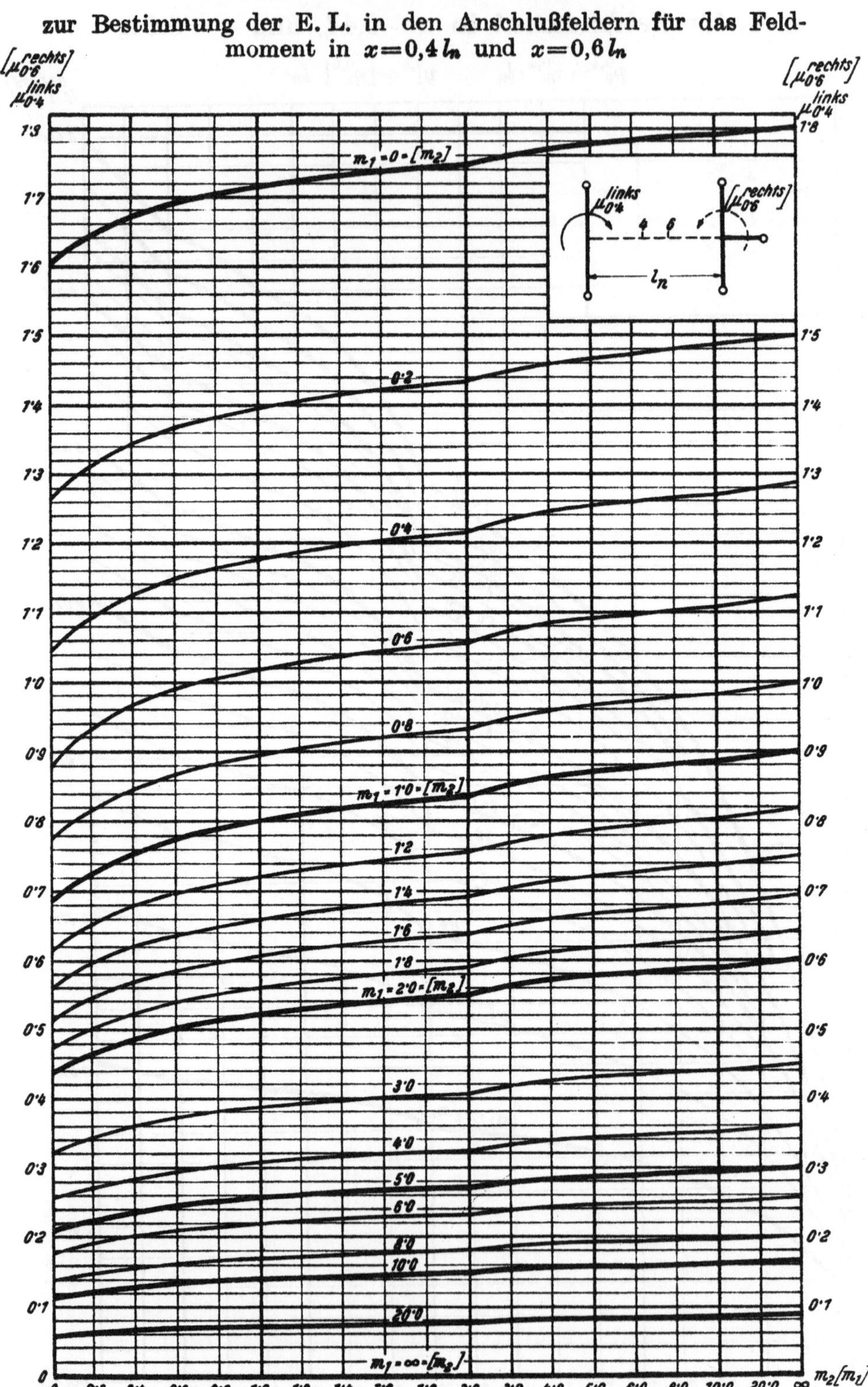

Anschlußmomente $\mu_{0,4}^{\text{rechts}}$ und $[\mu_{0,6}^{\text{links}}]$

zur Bestimmung der E. L. in den Anschlußfeldern für das Feldmoment in $x=0{,}4\,l_n$ und $x=0{,}6\,l_n$

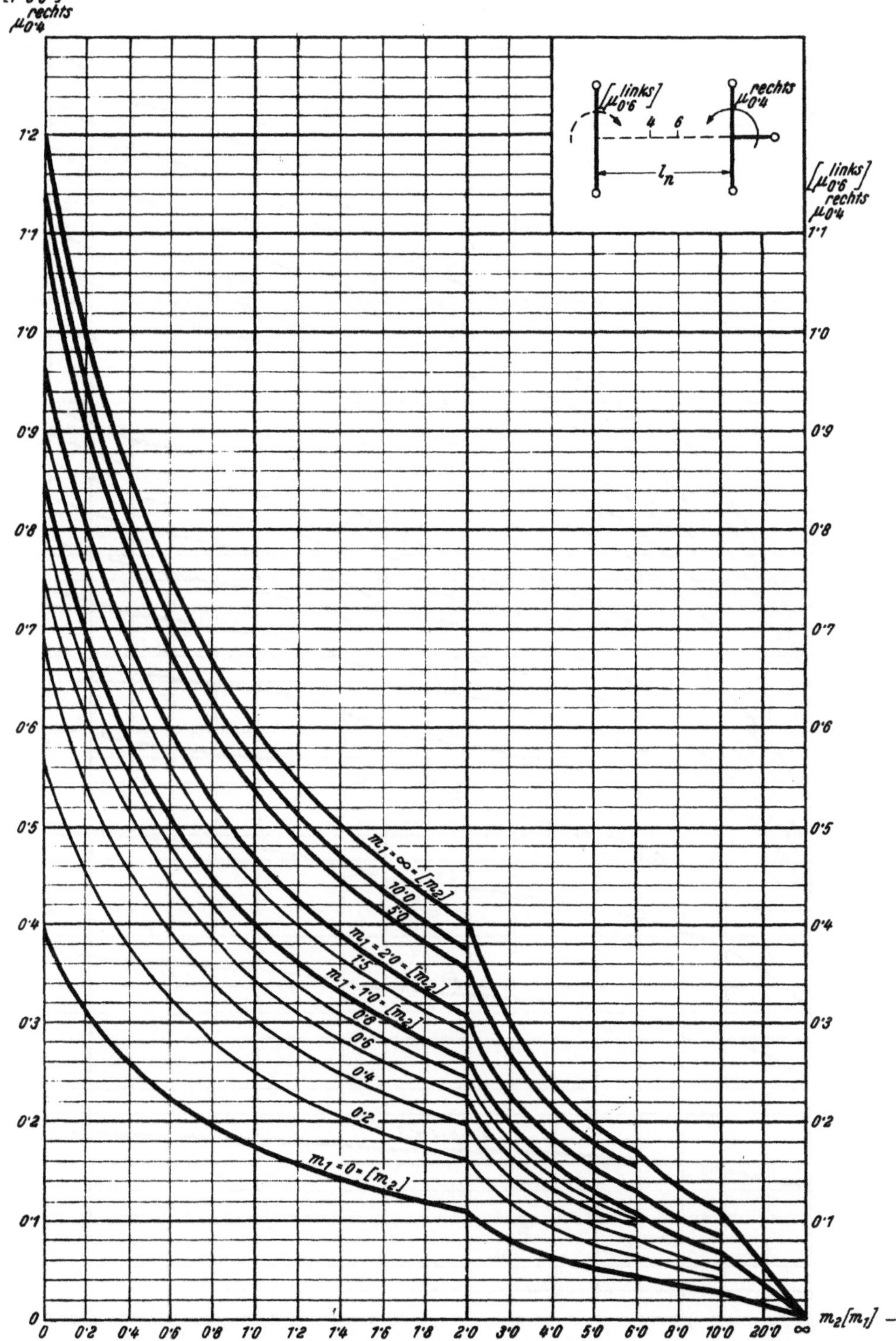

Tafel 47

E. L. für Feldmoment in $x = 0{,}5\,l_n$

$$y_1^{0,5} = \eta_1^{0,5} \cdot l_n \qquad y_9^{0,5} = [\eta_9^{0,5}] \cdot l_n$$

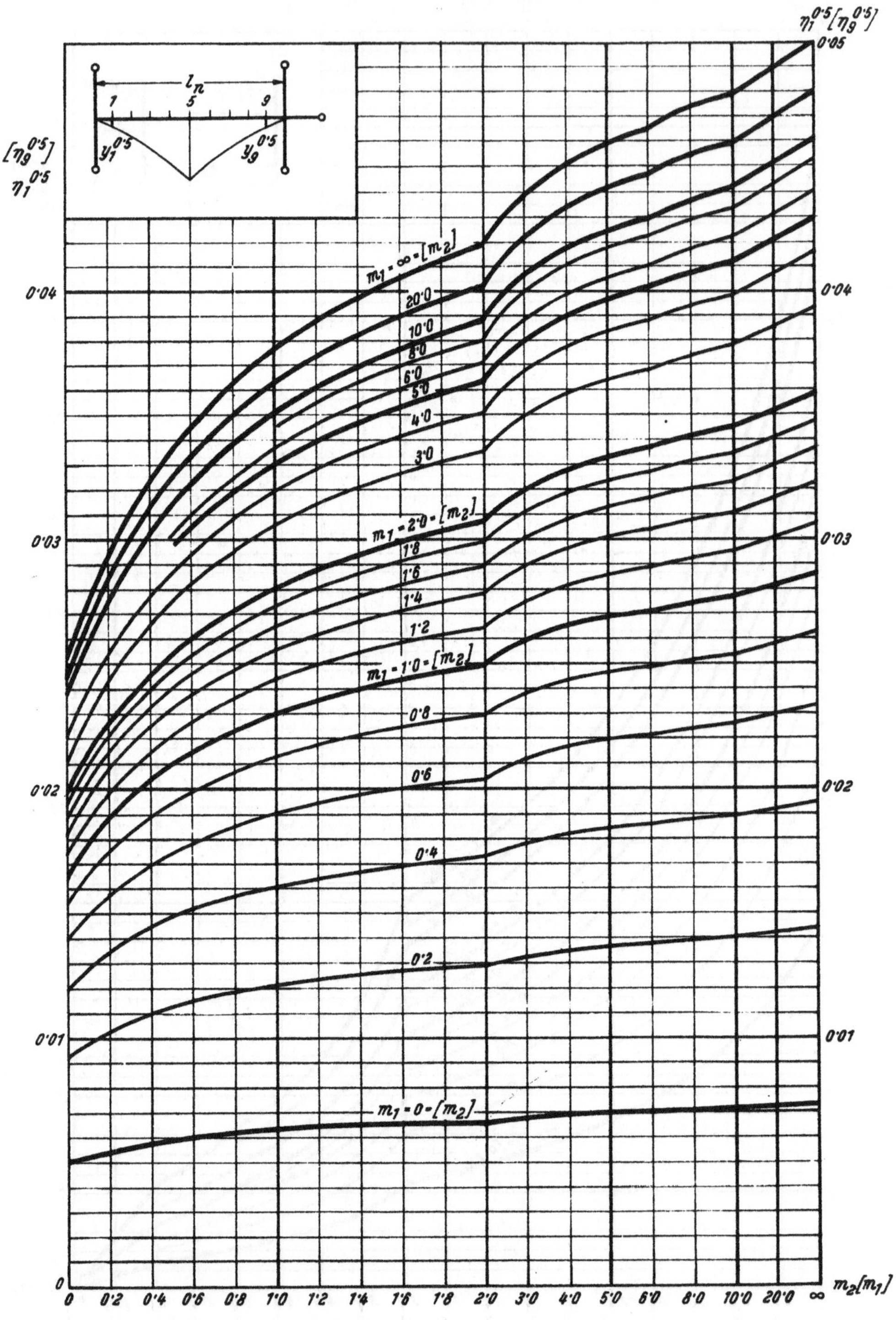

E. L. für Feldmoment in $x = 0{,}5\, l_n$

$$y_2^{0,5} = \eta_2^{0,5} \cdot l_n \qquad y_8^{0,5} = [\eta_8^{0,5}] \cdot l_n$$

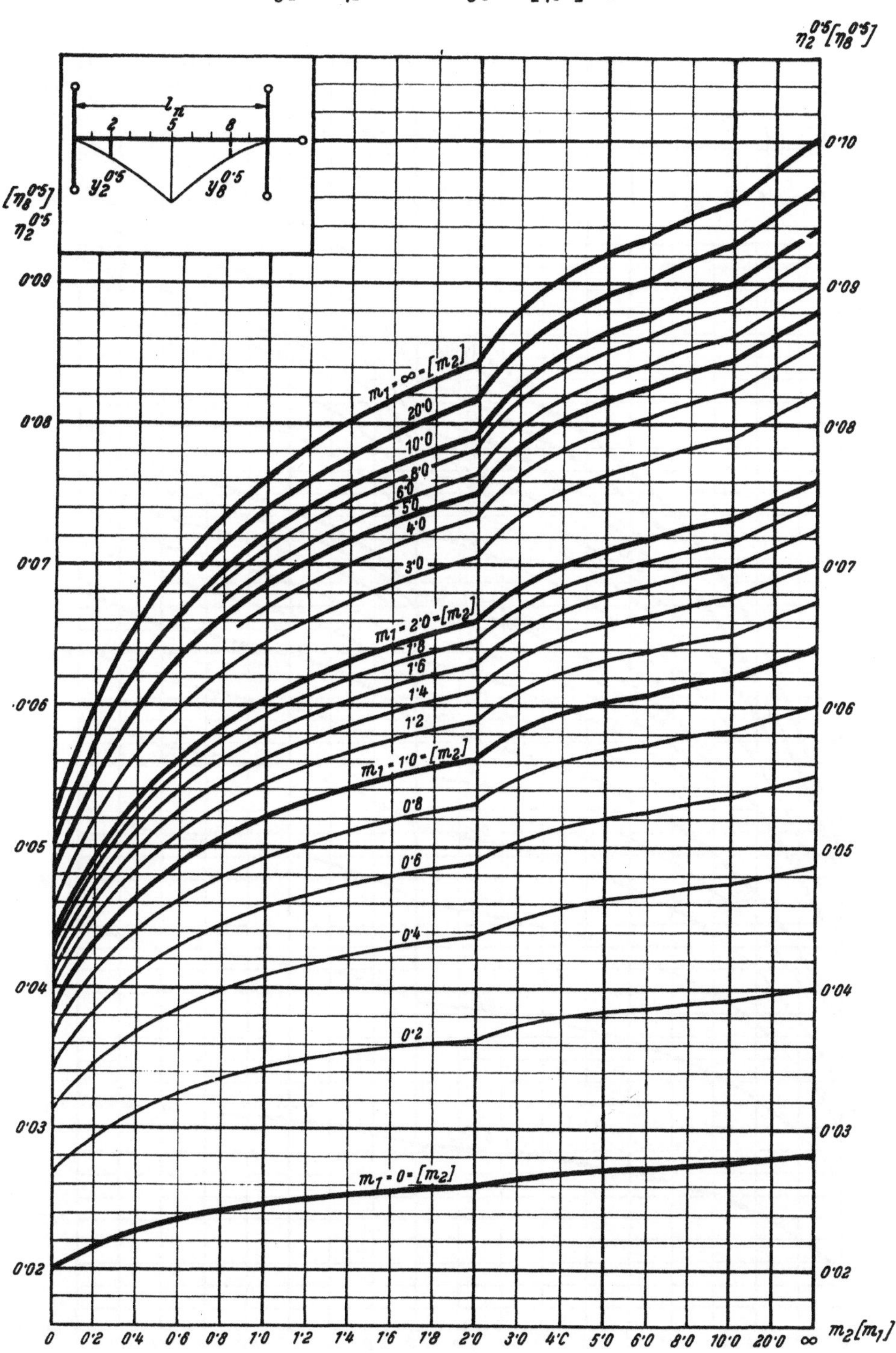

E. L. für Feldmoment in $x = 0{,}5\, l_n$

$$y_3^{0,5} = \eta_3^{0,5} \cdot l_n \qquad y_7^{0,5} = [\eta_7^{0,5}] \cdot l_n$$

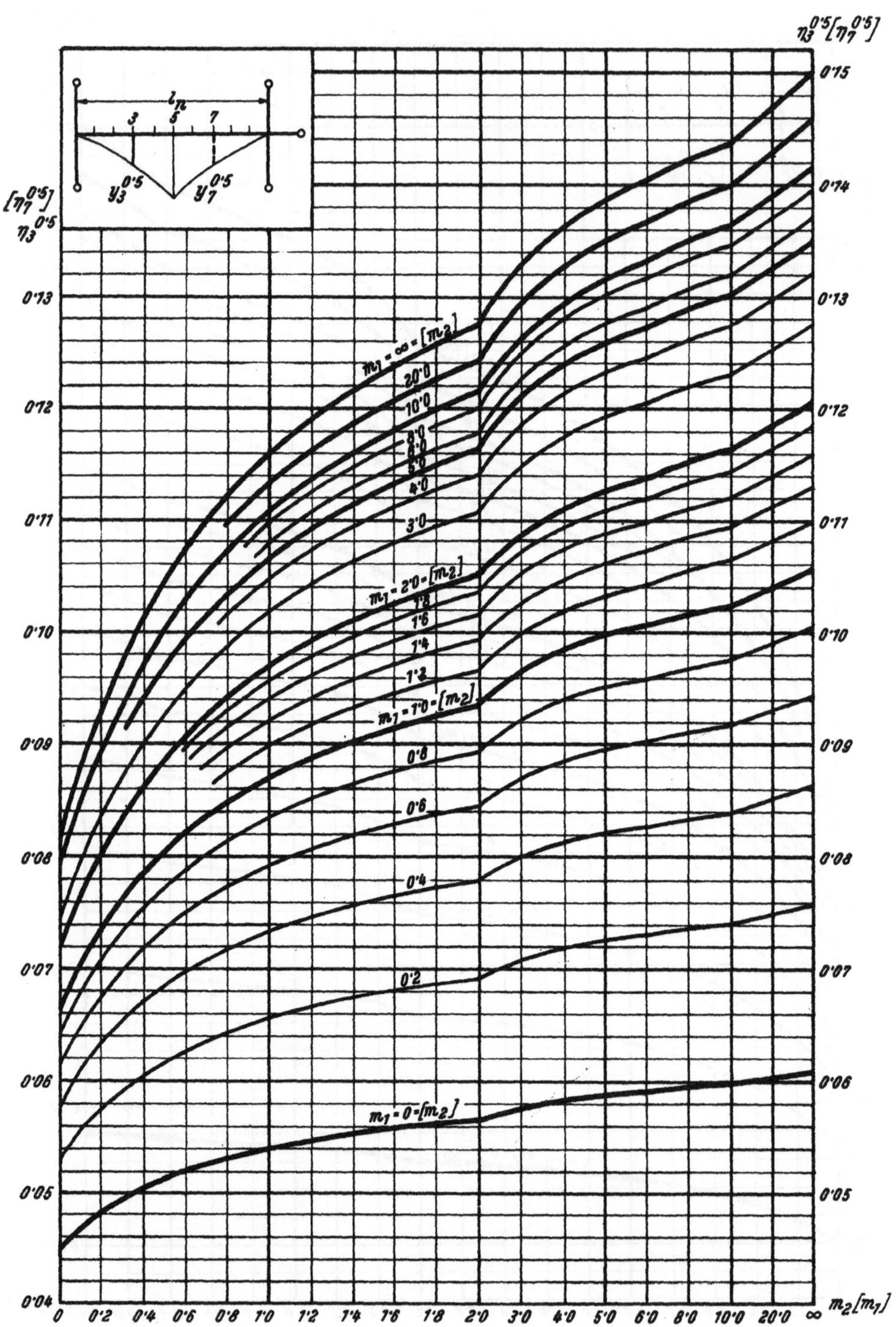

E. L. für Feldmoment in $x = 0{,}5\, l_n$

$$y_4^{0,5} = \eta_4^{0,5} \cdot l_n \qquad y_6^{0,5} = [\eta_6^{0,5}] \cdot l_n$$

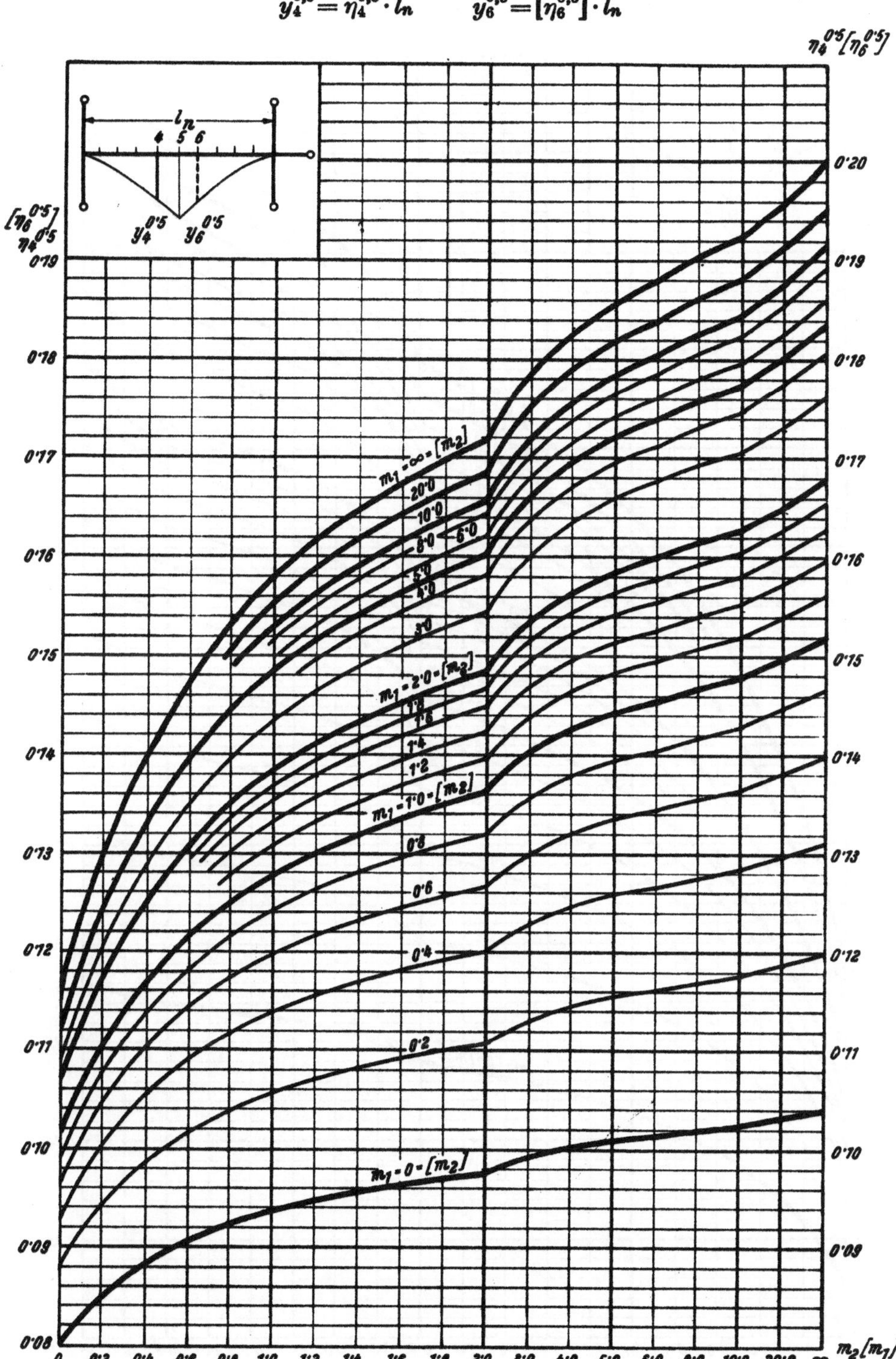

Tafel 51

E. L. für Feldmoment in $x = 0{,}5\, l_n$

$$y_5^{0,5} = \eta_5^{0,5} \cdot l_n = [\eta_5^{0,5}] \cdot l_n$$

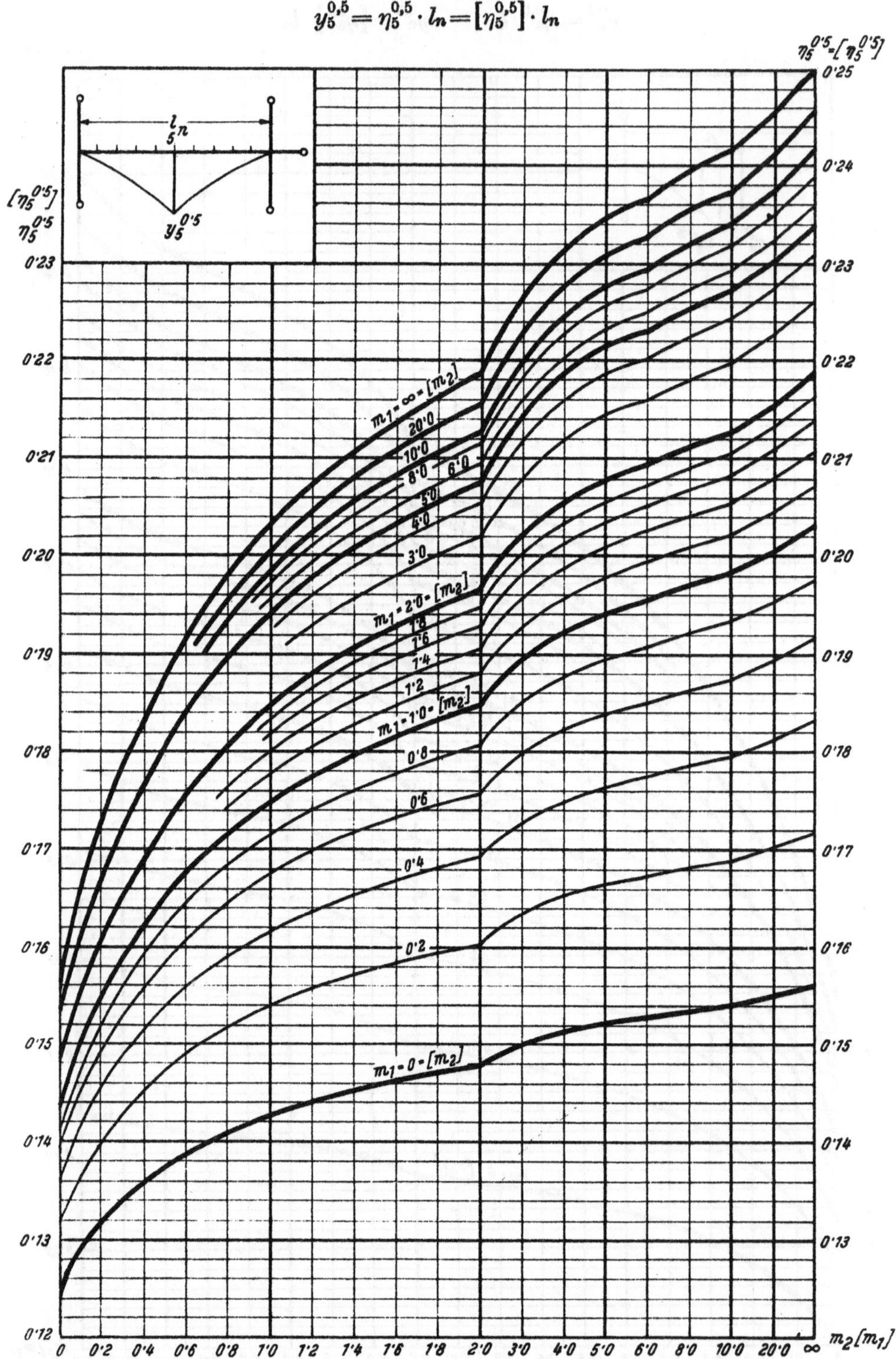

Anschlußmomente $\mu_{0,5}^{\text{links}}$ und $[\mu_{0,5}^{\text{rechts}}]$

zur Bestimmung der E. L. in den Anschlußfeldern für das Feldmoment in $x = 0,5\,l_n$

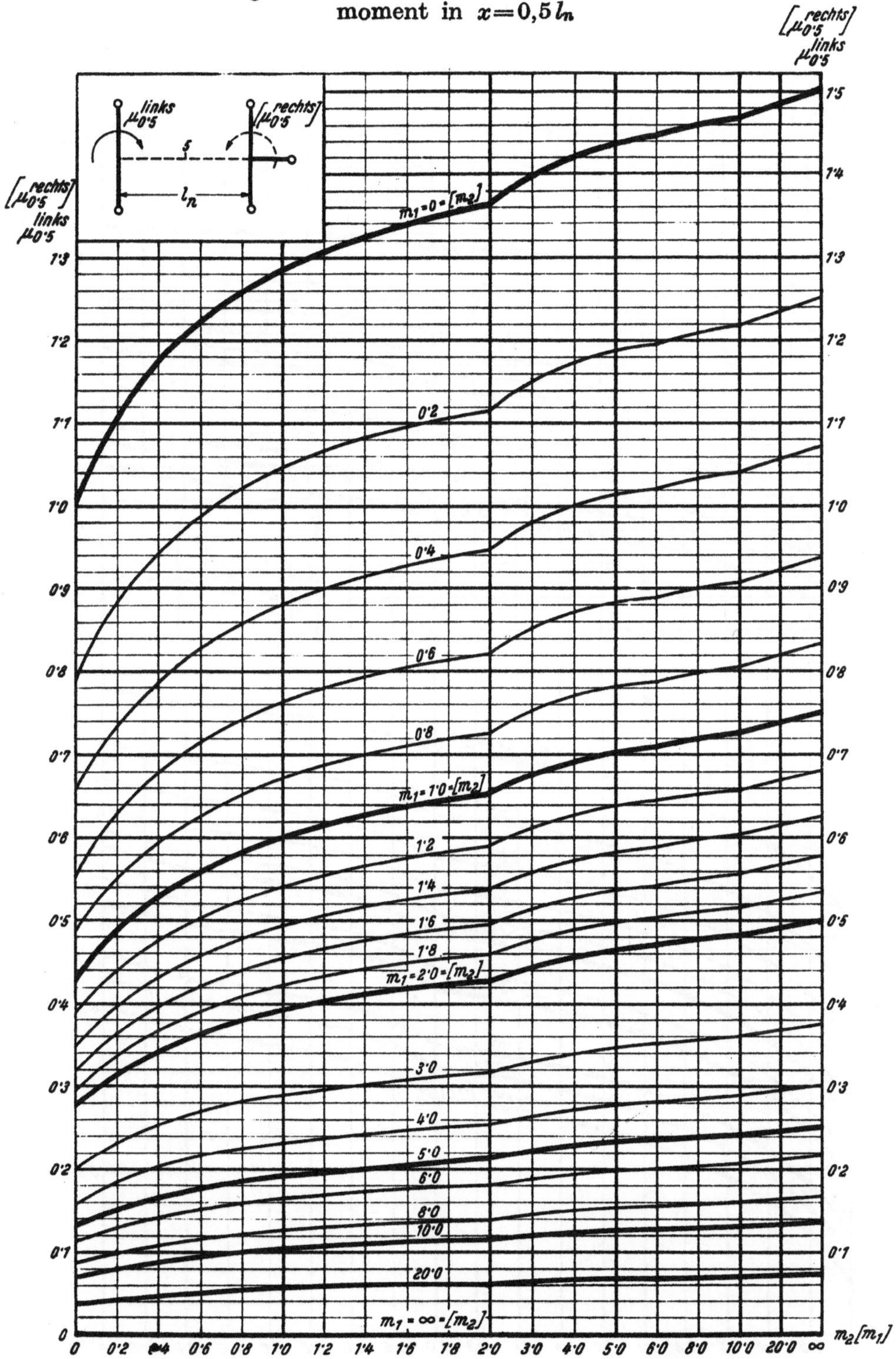

E. L. für Querkraft in a und b

obere Tafel: $y_2^a = \eta_2^a, \quad y_8^b = -[\eta_8^b]$

untere Tafel: $y_4^a = \eta_4^a, \quad y_6^b = -[\eta_6^b]$

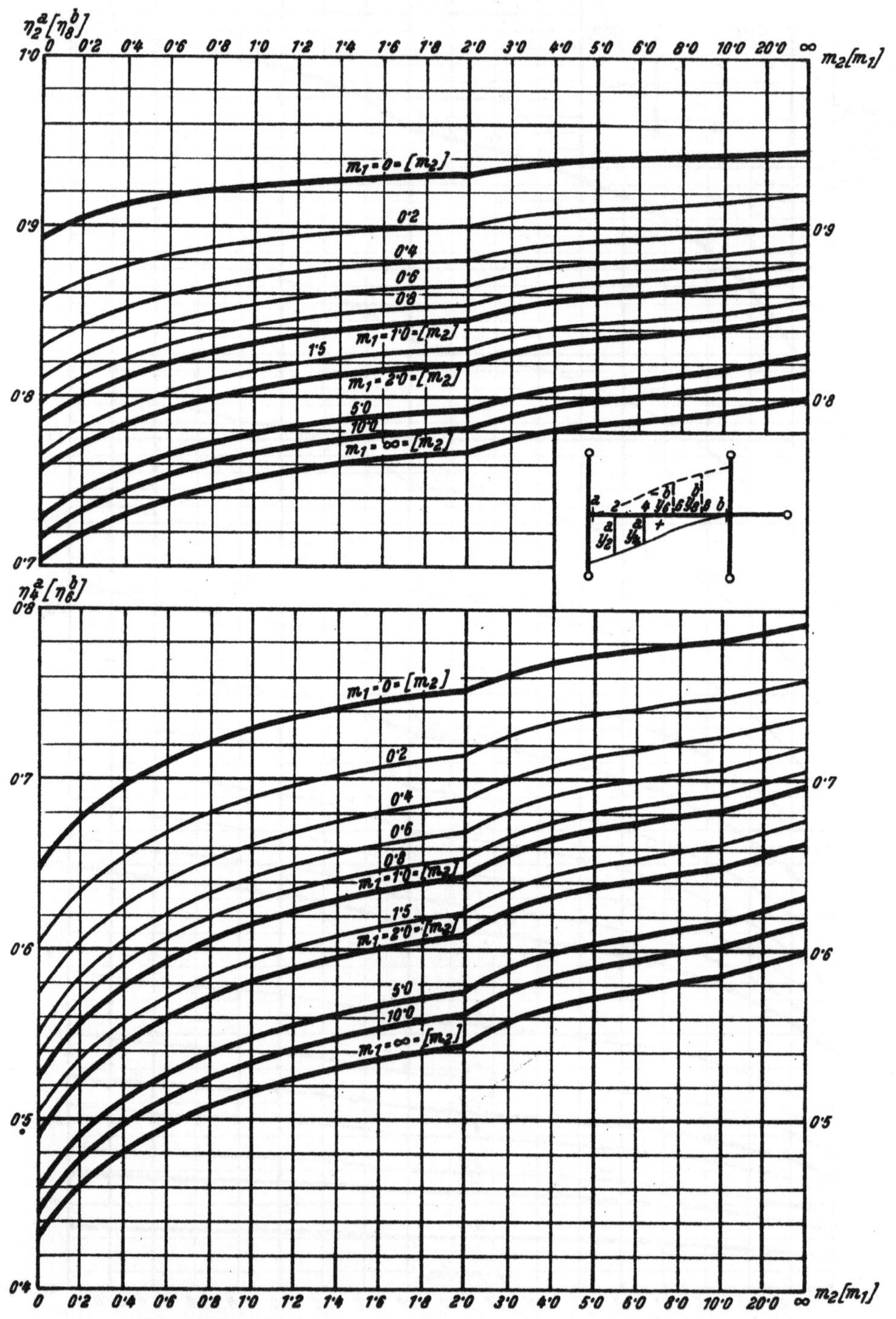

E. L. für Querkraft in a und b

obere Tafel: $y_6^a = \eta_6^a$, $y_4^b = -[\eta_4^b]$

untere Tafel: $y_8^a = \eta_8^a$, $y_2^b = -[\eta_2^b]$

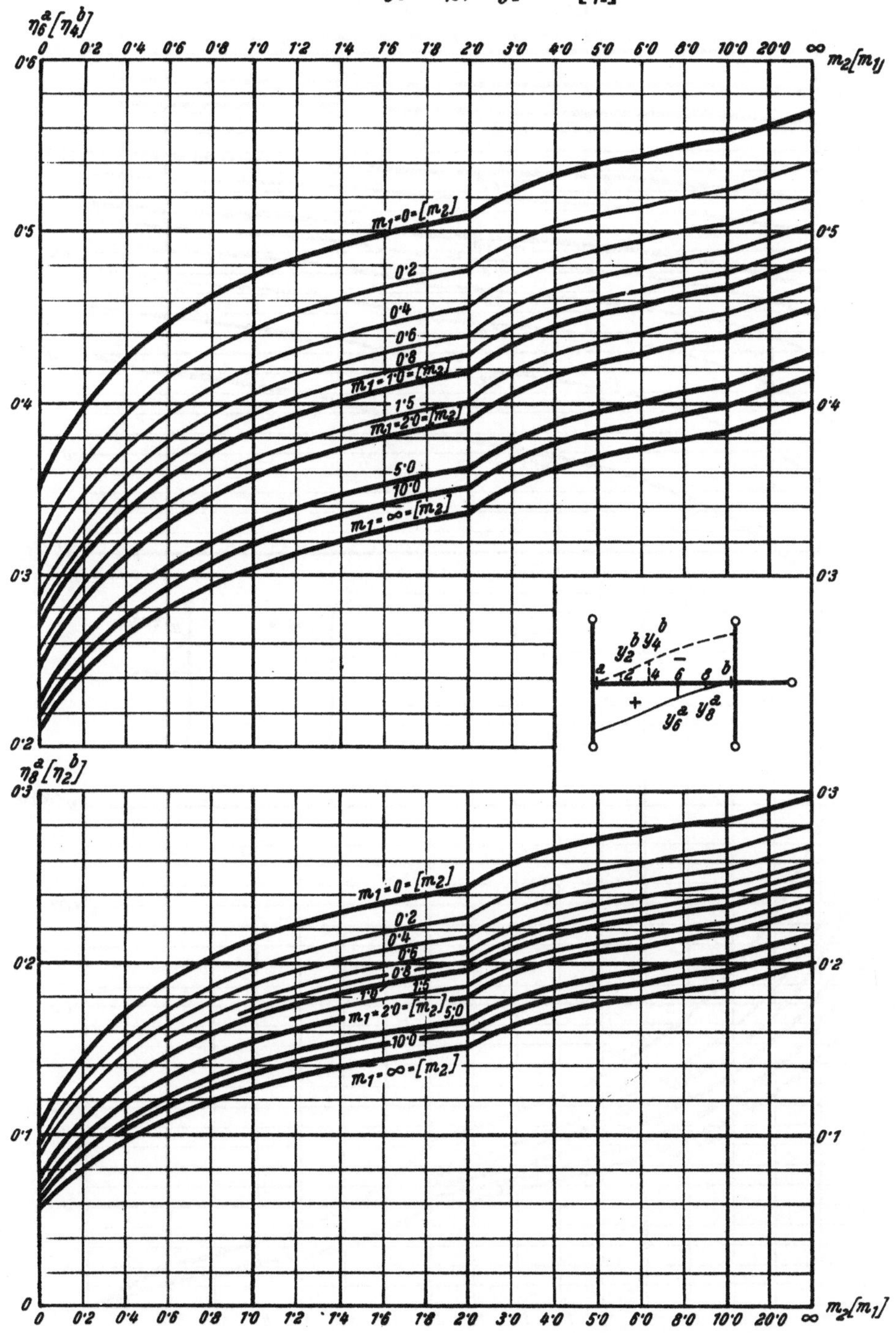

Tafel 55

Anschlußmomente μ^{links} und μ^{rechts}

zur Bestimmung der E. L. in den Anschlußfeldern für die Querkraft im Feld l_n

obere Tafel: μ^{links}

untere Tafel: μ^{rechts}

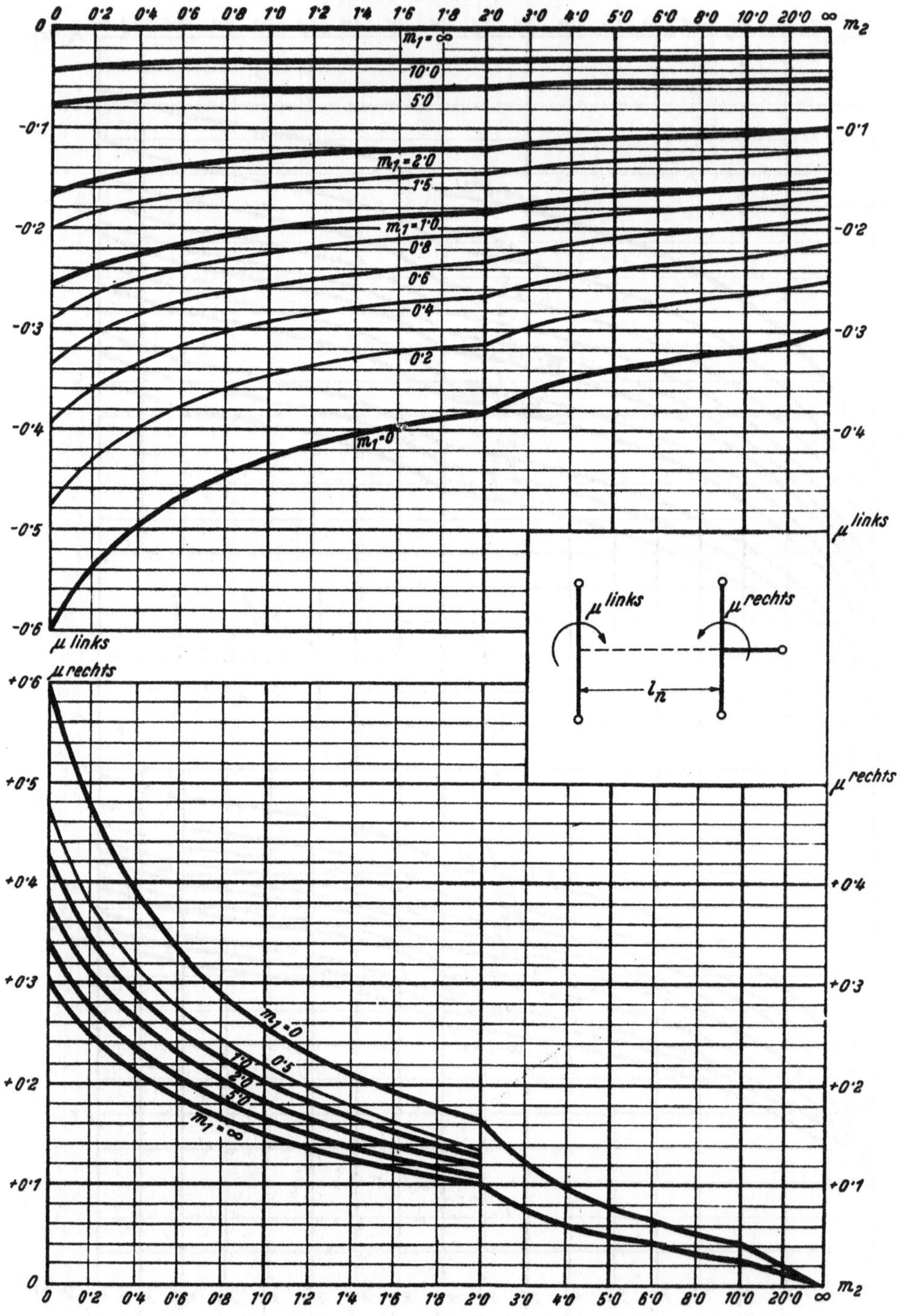

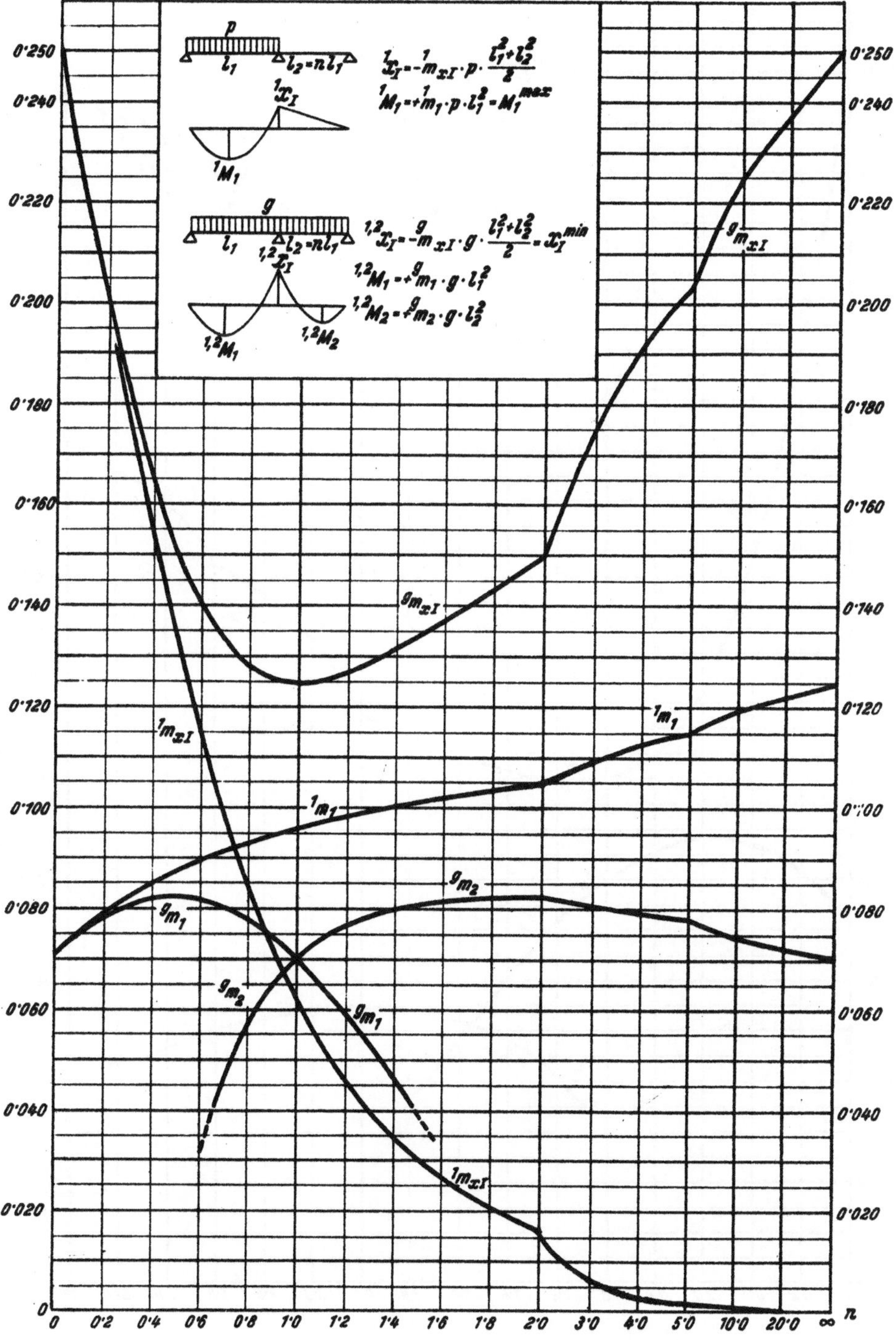
p
l_1
$l_2 = n l_1$
$^1X_I = -{}^1m_{xI} \cdot p \cdot \frac{l_1^2 + l_2^2}{2}$
$^1M_1 = +{}^1m_1 \cdot p \cdot l_1^2 = M_1^{max}$
^1X_I
$^1M_1$
g
l_1
$l_2 = n l_1$
$^{1,2}X_I = -{}^gm_{xI} \cdot g \cdot \frac{l_1^2 + l_2^2}{2} = X_I^{min}$
$^{1,2}M_1 = +{}^gm_1 \cdot g \cdot l_1^2$
$^{1,2}M_2 = +{}^gm_2 \cdot g \cdot l_2^2$
$^{1,2}X_I$
$^{1,2}M_1$
$^{1,2}M_2$
$^gm_{xI}$
$^1m_{xI}$
$^1m_1$
$^gm_1$
$^gm_2$
0·250
0·240
0·220
0·200
0·180
0·160
0·140
0·120
0·100
0·080
0·060
0·040
0·020
0
0·2
0·4
0·6
0·8
1·0
1·2
1·4
1·6
1·8
2·0
3·0
4·0
5·0
10·0
20·0
∞
n

Tafel 57

g
l_1
$l_2 = n l_1$
l_1
^gx_I
$^gx_{II}$
$^gM_2$
$^gM_1$
$^gM_3$
$^gx_I = {}^gx_{II} = -{}^gm_x \cdot g \cdot \frac{l_1^2 + l_2^2}{2}$
$^gM_1 = {}^gM_3 = +{}^gm_1 \cdot g \cdot l_1^2$
$^gM_2 = +{}^gm_2 \cdot g \cdot l_2^2$
^gm_x
^gm_x
^gm_x
$^gm_1$
$^gm_2$
0·260
0·240
0·220
0·200
0·180
0·160
0·140
0·120
0·100
0·080
0·060
0·040
0·020
0
0·180
0·160
0·140
0·120
0·100
0·080
0·060
0·040
0·020
0
0·2
0·4
0·6
0·8
1·0
1·2
1·4
1·6
1·8
2·0
3·0
4·0
5·0
10·0
20·0
∞
n

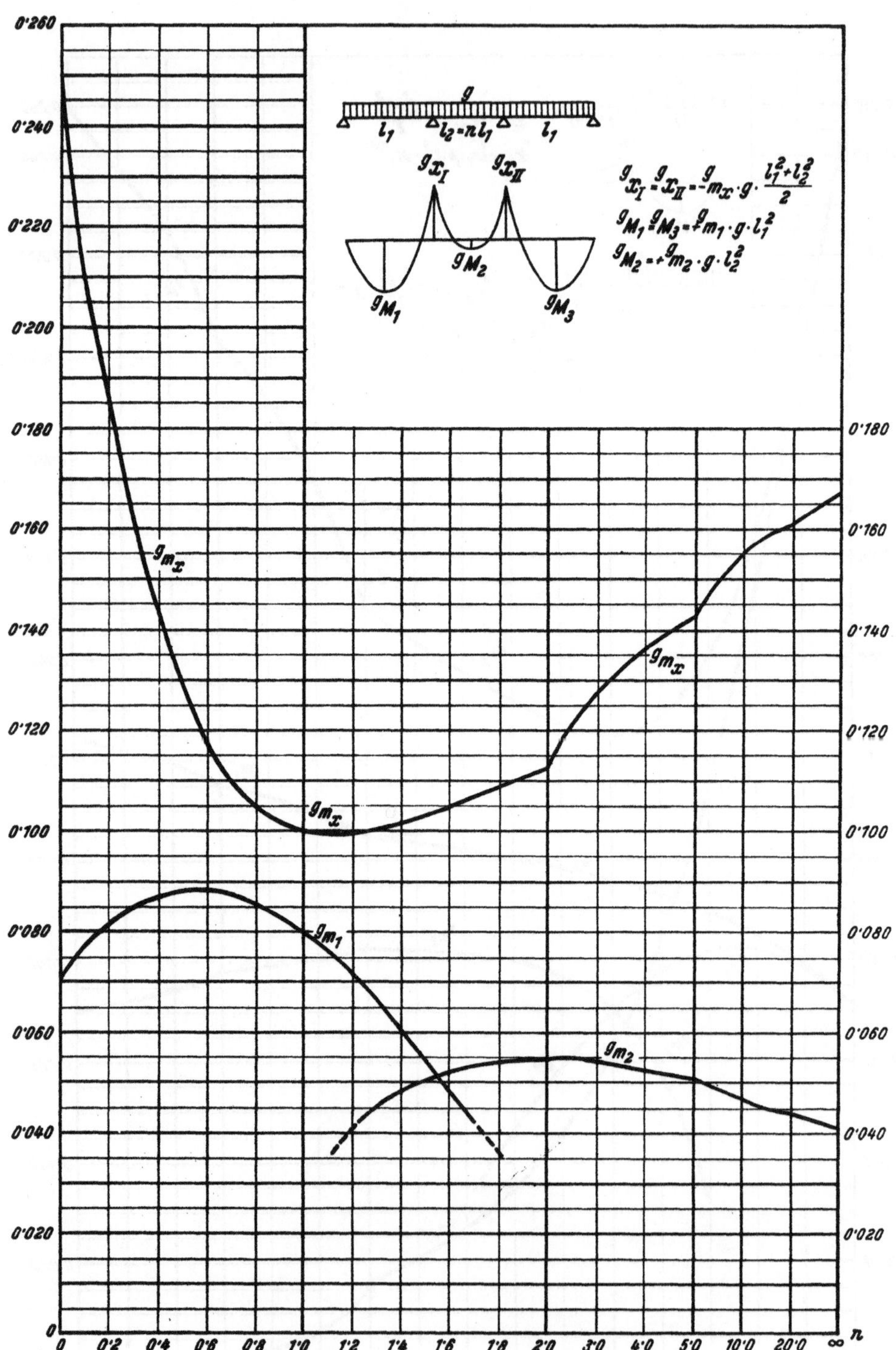

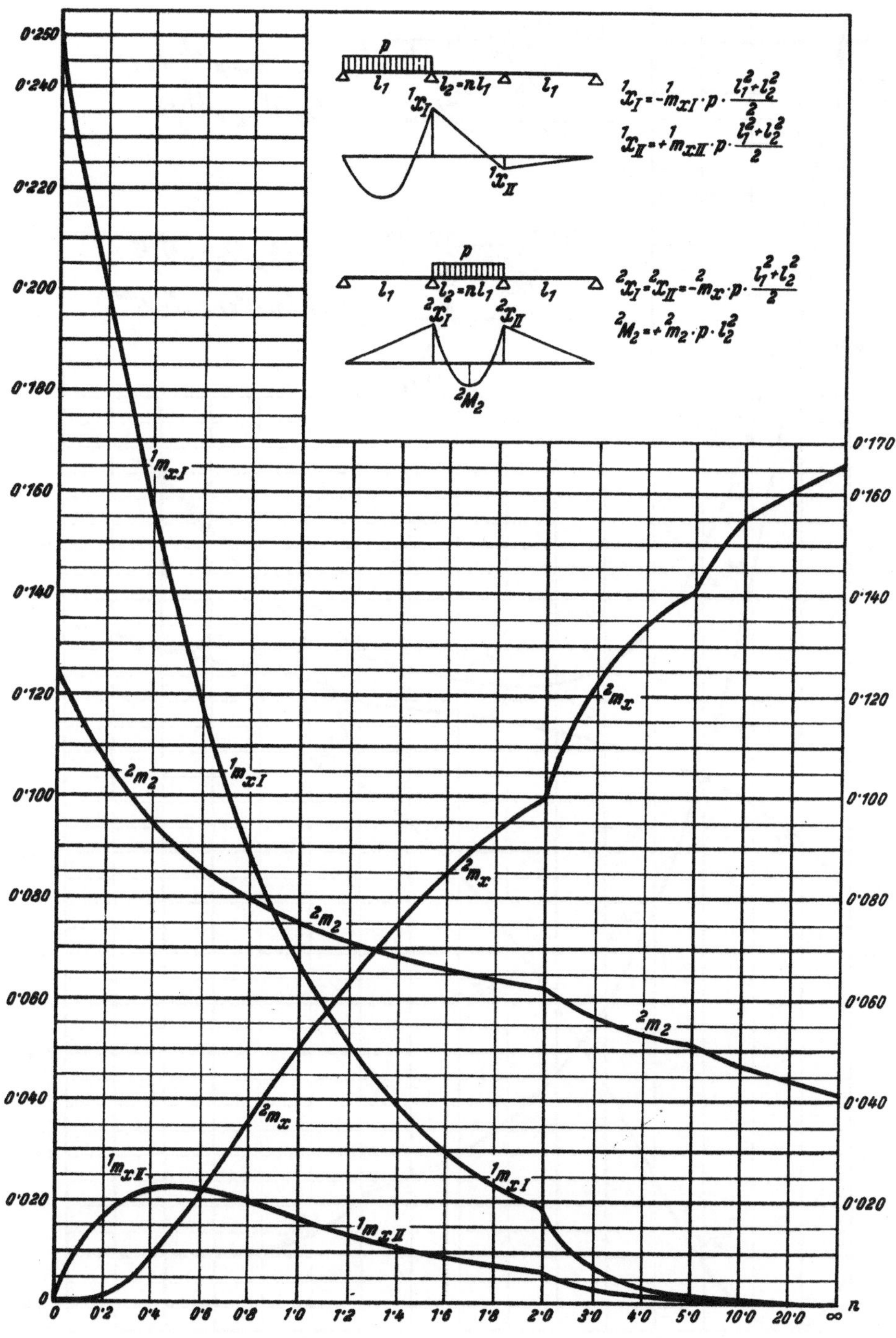
p
l_1
$l_2 = n l_1$
l_1
${}^1X_I$
${}^1X_{II}$
${}^1X_I = -{}^1m_{xI} \cdot p \cdot \frac{l_1^2 + l_2^2}{2}$
${}^1X_{II} = +{}^1m_{xII} \cdot p \cdot \frac{l_1^2 + l_2^2}{2}$
p
l_1
$l_2 = n l_1$
l_1
${}^2X_I$
${}^2X_{II}$
${}^2M_2$
${}^2X_I = {}^2X_{II} = -{}^2m_x \cdot p \cdot \frac{l_1^2 + l_2^2}{2}$
${}^2M_2 = +{}^2m_2 \cdot p \cdot l_2^2$
${}^1m_{xI}$
${}^2m_2$
${}^2m_x$
${}^1m_{xII}$
0·250
0·240
0·220
0·200
0·180
0·160
0·140
0·120
0·100
0·080
0·060
0·040
0·020
0
0·170
0·160
0·140
0·120
0·100
0·080
0·060
0·040
0·020
0 0·2 0·4 0·6 0·8 1·0 1·2 1·4 1·6 1·8 2·0 3·0 4·0 5·0 10·0 20·0 ∞
n

Tafel 59

p
l1
l2=nl1
l1
1,2X_I
1,2X_II
1,2X_I = −1,2m_xI · p · (l1²+l2²)/2 = X_I^min
1,2X_II = −1,2m_xII · p · (l1²+l2²)/2
p
p
l1
l2=nl1
l1
1,3X_I
1,3X_II
1,3M1
1,3M3
1,3X_I = 1,3X_II = −1,3m_x · p · (l1²+l2²)/2
1,3M1 = 1,3M3 = +1,3m1 · p · l1² = M1^max
1,2m_xI
1,3m_x
1,2m_xII
1,3m1
0·250
0·240
0·220
0·200
0·180
0·160
0·140
0·120
0·100
0·080
0·060
0·040
0·020
0
−0·010
−0·015
0
0·2
0·4
0·6
0·8
1·0
1·2
1·4
1·6
1·8
2·0
3·0
4·0
5·0
10·0
20·0
∞
n

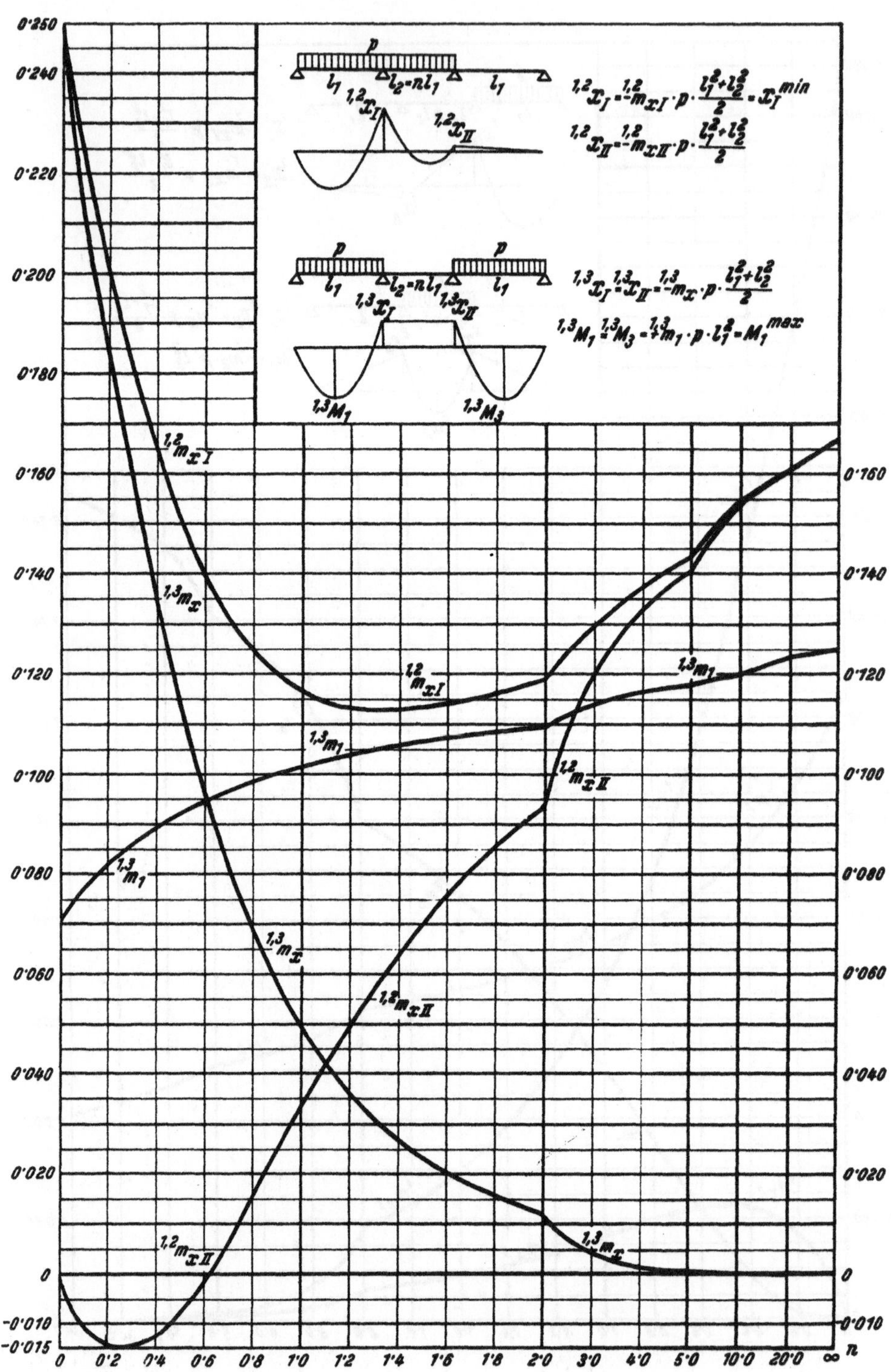

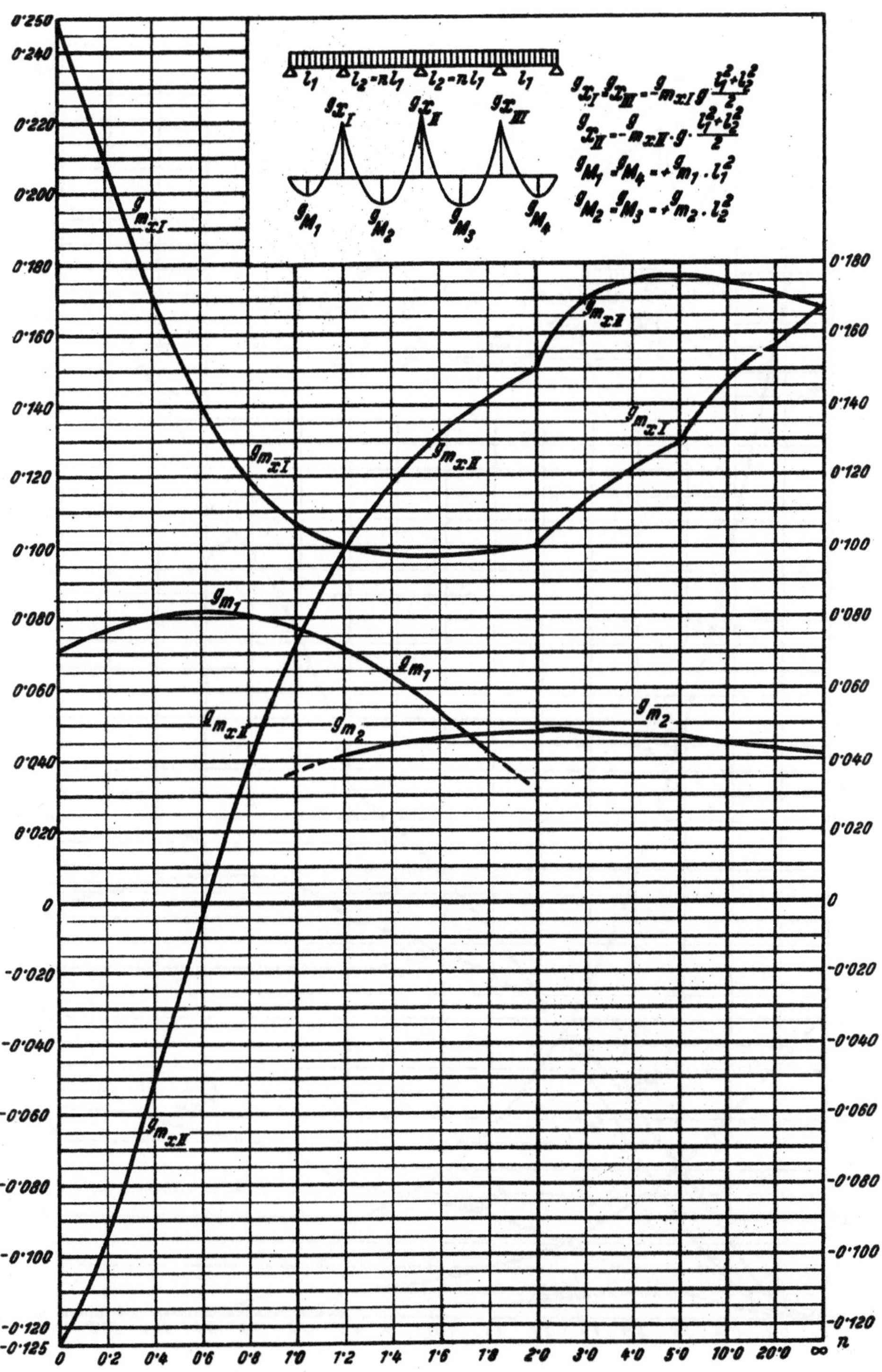

l_1 $l_2 = n l_1$ $l_2 = n l_1$ l_1
$^g x_I$ $^g x_{II}$ $^g x_{III}$
$^g M_1$ $^g M_2$ $^g M_3$ $^g M_4$
$^g x_I = {}^g x_{III} = -{}^g m_{xI} \cdot g \cdot \frac{l_1^2 + l_2^2}{2}$
$^g x_{II} = -{}^g m_{xII} \cdot g \cdot \frac{l_1^2 + l_2^2}{2}$
$^g M_1 = {}^g M_4 = + {}^g m_1 \cdot l_1^2$
$^g M_2 = {}^g M_3 = + {}^g m_2 \cdot l_2^2$
$^g m_{xI}$
$^g m_{xII}$
$^g m_1$
$^g m_2$
0·250 0·240 0·220 0·200 0·180 0·160 0·140 0·120 0·100 0·080 0·060 0·040 0·020 0 -0·020 -0·040 -0·060 -0·080 -0·100 -0·120 -0·125
0 0·2 0·4 0·6 0·8 1·0 1·2 1·4 1·6 1·8 2·0 3·0 4·0 5·0 10·0 20·0 ∞ n

Tafel 61

p
l_1 $l_2=nl_1$ $l_2=nl_1$ l_1
${}^1x_I$ ${}^1x_{II}$ ${}^1x_{III}$
${}^1x_I = -{}^1m_{xI} \cdot p \cdot \frac{l_1^2+l_2^2}{2}$
${}^1x_{II} = +{}^1m_{xII} \cdot p \cdot \frac{l_1^2+l_2^2}{2}$
${}^1x_{III} = -{}^1m_{xIII} \cdot p \cdot \frac{l_1^2+l_2^2}{2}$
p
l_1 $l_2=nl_1$ $l_2=nl_1$ l_1
${}^2x_I$ ${}^2x_{II}$ ${}^2x_{III}$
${}^2x_I = -{}^2m_{xI} \cdot p \cdot \frac{l_1^2+l_2^2}{2}$
${}^2x_{II} = -{}^2m_{xII} \cdot p \cdot \frac{l_1^2+l_2^2}{2}$
${}^2x_{III} = +{}^2m_{xIII} \cdot p \cdot \frac{l_1^2+l_2^2}{2}$
${}^1m_{xI}$ ${}^2m_{xI}$ ${}^1m_{xII}$ ${}^2m_{xII}$ ${}^1m_{xIII}$ ${}^2m_{xIII}$
0·250 0·240 0·220 0·200 0·180 0·160 0·140 0·120 0·100 0·080 0·060 0·040 0·020 0
0 0·2 0·4 0·6 0·8 1·0 1·2 1·4 1·6 1·8 2·0 3·0 4·0 5·0 10·0 20·0 ∞ n

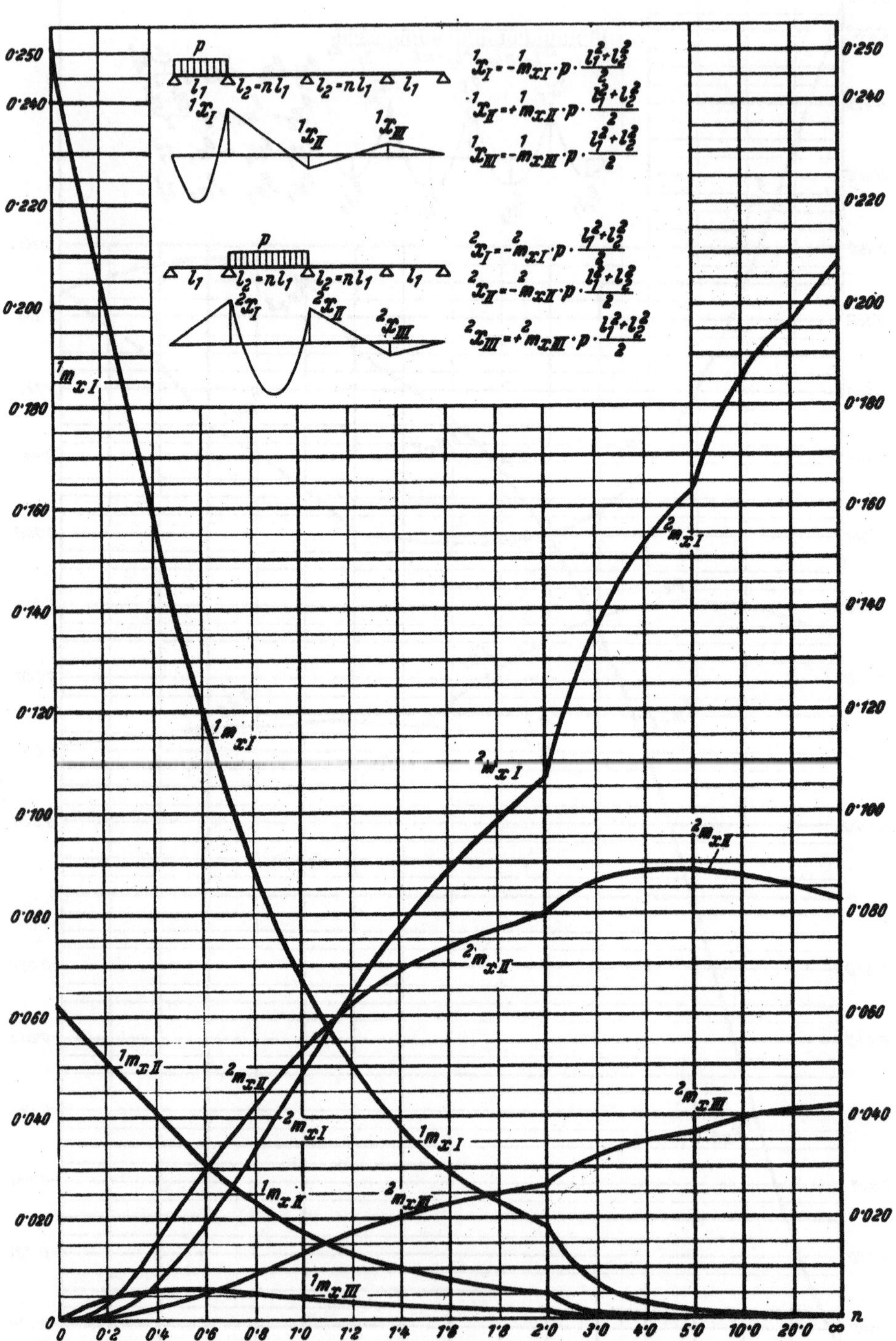

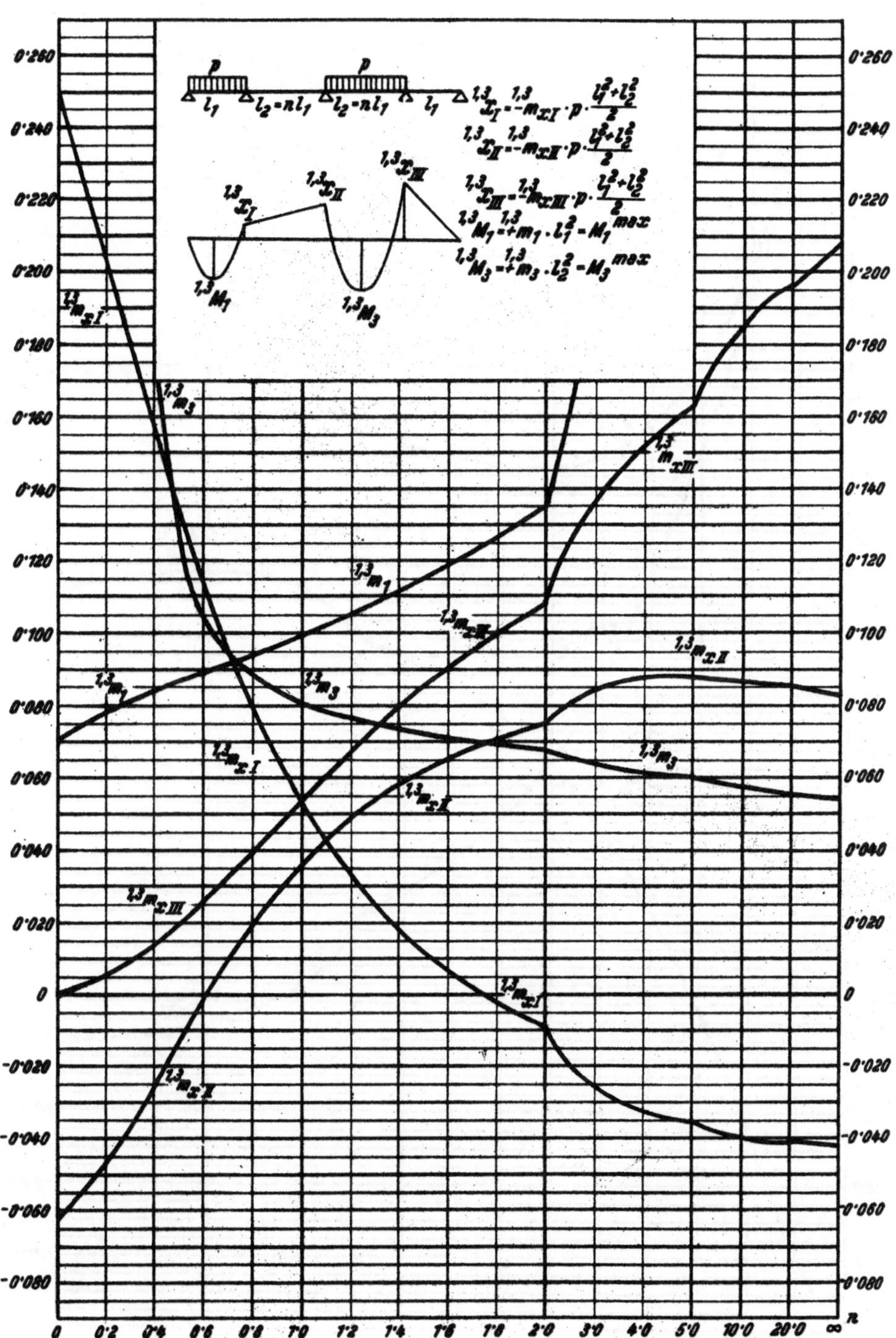

p
p
l_1
$l_2 = nl_1$
$l_2 = nl_1$
l_1
${}^{1,3}x_I = -{}^{1,3}m_{xI} \cdot p \cdot \frac{l_1^2 + l_2^2}{2}$
${}^{1,3}x_{II} = -{}^{1,3}m_{xII} \cdot p \cdot \frac{l_1^2 + l_2^2}{2}$
${}^{1,3}x_{III} = -{}^{1,3}m_{xIII} \cdot p \cdot \frac{l_1^2 + l_2^2}{2}$
${}^{1,3}M_1 = +{}^{1,3}m_1 \cdot l_1^2 = M_1^{max}$
${}^{1,3}M_3 = +{}^{1,3}m_3 \cdot l_2^2 = M_3^{max}$
${}^{1,3}x_I$
${}^{1,3}x_{II}$
${}^{1,3}x_{III}$
${}^{1,3}M_1$
${}^{1,3}M_3$
${}^{1,3}m_{xI}$
${}^{1,3}m_3$
${}^{1,3}m_1$
${}^{1,3}m_{xII}$
${}^{1,3}m_{xIII}$
0·260
0·240
0·220
0·200
0·180
0·160
0·140
0·120
0·100
0·080
0·060
0·040
0·020
0
-0·020
-0·040
-0·060
-0·080
0
0·2
0·4
0·6
0·8
1·0
1·2
1·4
1·6
1·8
2·0
3·0
4·0
5·0
10·0
20·0
∞
n

Tafel 63

p
p
l_1
$l_2 = nl_1$
$l_2 = nl_1$
l_1
$^{1,2,4}x_I$
$^{1,2,4}x_{II}$
$^{1,2,4}x_{III}$
$^{1,2,4}x_I = -^{1,2,4}m_{xI} \cdot p \cdot \frac{l_1^2 + l_2^2}{2} = x_I^{min}$
$^{1,2,4}x_{II} = -^{1,2,4}m_{xII} \cdot p \cdot \frac{l_1^2 + l_2^2}{2}$
$^{1,2,4}x_{III} = -^{1,2,4}m_{xIII} \cdot p \cdot \frac{l_1^2 + l_2^2}{2}$
$^{1,2,4}m_{xI}$
$^{1,2,4}m_{xII}$
$^{1,2,4}m_{xIII}$
0·250
0·240
0·220
0·200
0·180
0·160
0·140
0·120
0·100
0·080
0·060
0·040
0·020
0
-0·020
-0·040
-0·060
-0·080
-0·100
-0·120
-0·125
0
0·2
0·4
0·6
0·8
1·0
1·2
1·4
1·6
1·8
2·0
3·0
4·0
5·0
10·0
20·0
∞
n

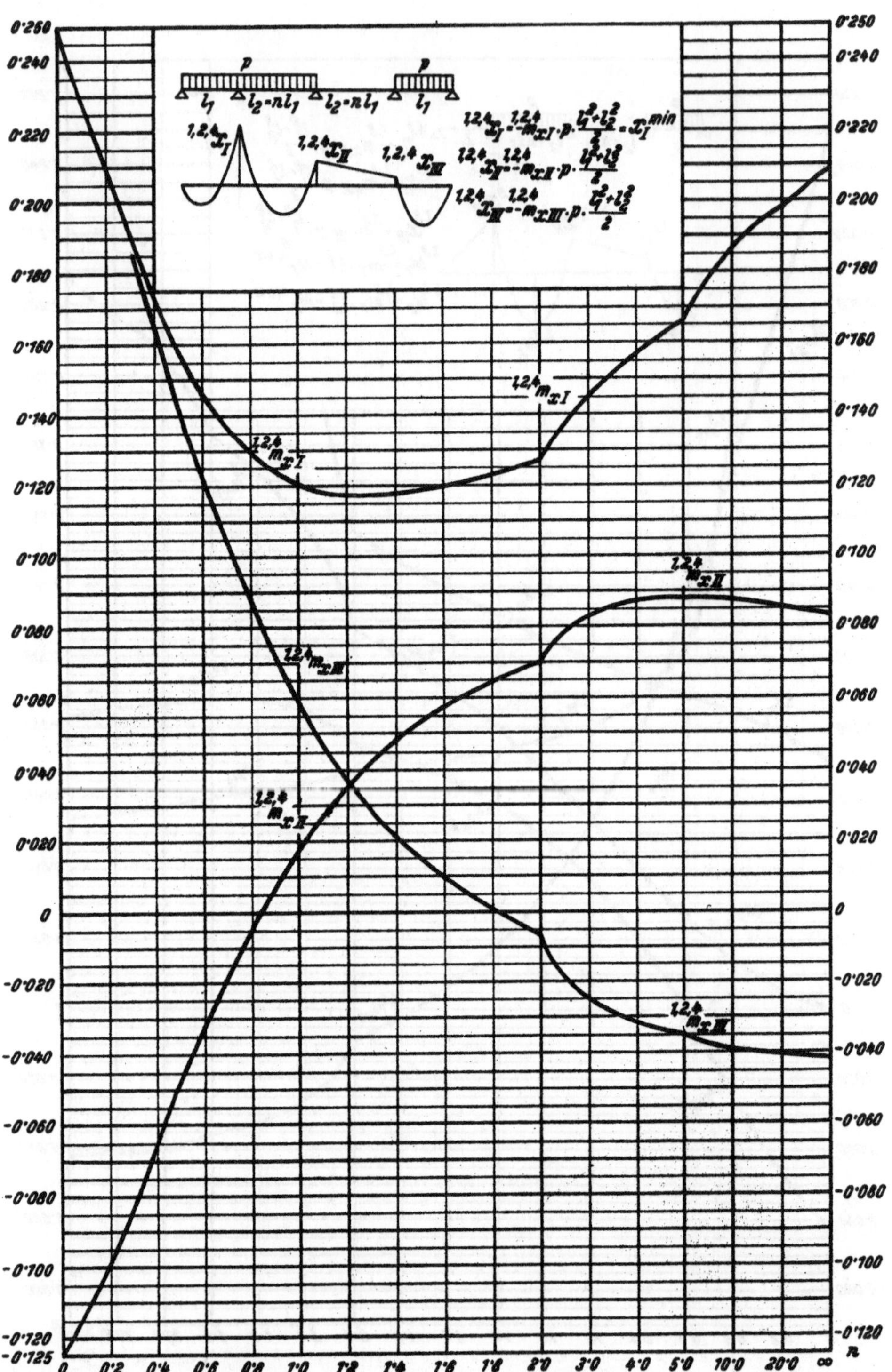

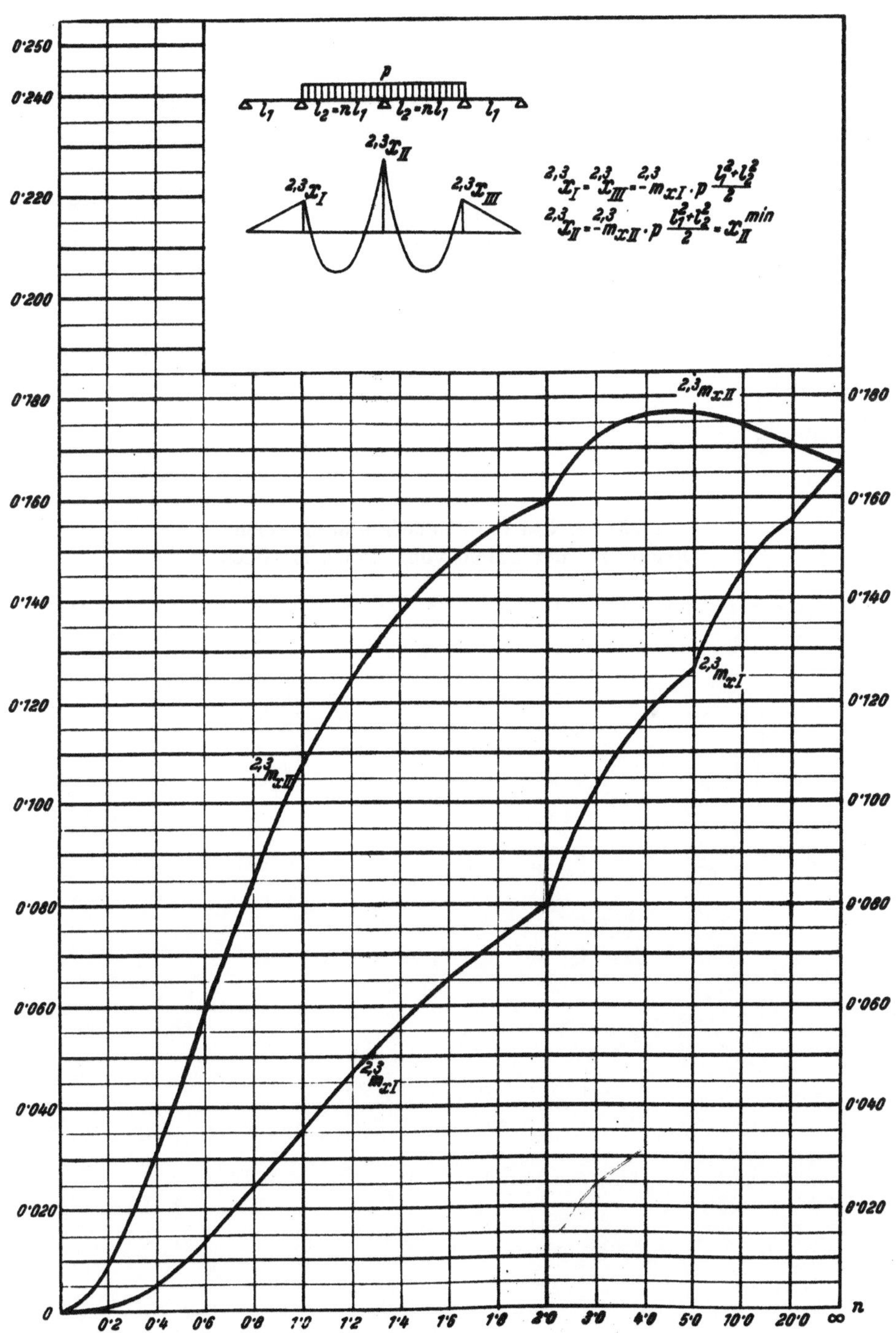

p
l_1 $l_2=nl_1$ $l_2=nl_1$ l_1
${}^{2,3}X_{II}$
${}^{2,3}X_{I}$
${}^{2,3}X_{III}$
${}^{2,3}X_I = {}^{2,3}X_{III} = -{}^{2,3}m_{xI} \cdot p\,\frac{l_1^2+l_2^2}{2}$
${}^{2,3}X_{II} = -{}^{2,3}m_{xII} \cdot p\,\frac{l_1^2+l_2^2}{2} = X_{II}^{min}$
${}^{2,3}m_{xII}$
${}^{2,3}m_{xI}$
0'250
0'240
0'220
0'200
0'180
0'160
0'140
0'120
0'100
0'080
0'060
0'040
0'020
0
0'2 0'4 0'6 0'8 1'0 1'2 1'4 1'6 1'8 2'0 3'0 4'0 5'0 10'0 20'0 ∞
n

Buchdruck von Carl Ueberreuter in Wien
Offsetdruck der Tafeln von Globus II, Wien